做好取得建造师临时执业证书人员有关管理工作

住房城乡建设部办公厅日前发出了《做好取得建造师临时执业证书人员有关管理工作的通知》（建办市[2013]7号）。针对取得建造师临时执业证书人员管理中的有关问题做了如下规定:

一、已取得建造师临时执业证书的人员，年龄不满60周岁且按要求参加继续教育并进行延续注册的，可参照《注册建造师执业管理办法》（试行）的规定继续担任施工单位项目负责人。其延续注册、变更注册、执业管理和继续教育等，参照注册建造师制度的有关规定执行。临时执业证书注销的，不予办理重新注册。

二、符合条件的取得建造师临时执业证书的人员，应在2013年12月31日前按要求参加继续教育并向单位所在地住房城乡建设主管部门提出延续注册申请。没有申请延续注册的，自2014年1月1日起，不得再担任施工单位项目负责人，2013年2月27日（含）前已经担任施工单位项目负责人的可执业至该项目竣工。

对于近五年内负有较大及以上质量安全事故责任或有严重违法违规行为的人员，不予延续注册；近五年内负有一般质量安全事故责任或有一般违法违规行为或信用档案中有其他不良行为记录的人员，应提供相关主管部门出具的整改情况的相应材料。

三、自2013年2月28日（含）起，各级住房城乡建设主管部门不再将取得建造师临时执业证书的人员作为建筑业企业资质管理认可的注册建造师。

图书在版编目（CIP）数据

建造师 24 / 《建造师》 编委会编 . —北京：中国建筑工业出版社，2013.5
ISBN 978-7-112-15092-2

Ⅰ. ①建 … Ⅱ. ①建 … Ⅲ. ①建筑工程—丛刊 Ⅳ. ① TU-55

中国版本图书馆 CIP 数据核字（2013）第 087534 号

主　　编：李春敏
责任编辑：曾　威
特邀编辑：李　强　吴　迪

《建造师》编辑部
地址：北京百万庄中国建筑工业出版社
邮编：100037
电话：（010）58934848
传真：（010）58933025
E-mail：jzs_bjb@126.com

建造师 24
《建造师》编委会　编
*
中国建筑工业出版社 出版、发行（北京西郊百万庄）
各地新华书店、建筑书店经销
北京中恒基业印刷有限公司排版
世界知识印刷厂印刷
*
开本：787×1092 毫米　1/16　印张：8 1/4　字数：270 千字
2013 年 5 月第一版　　2013 年 5 月第一次印刷
定价：18.00 元
ISBN 978-7-112-15092-2
（23281）

CONT 目

大视野

企业管理

工程实践

项目管理

录NTS

本社书籍可通过以下联系方法购买：

本社地址：北京西郊百万庄

邮政编码：100037

邮购咨询电话：

（010）88369855或88369877

《建造师》顾问委员会及编委会

2012：西方不亮东方亮（上）

世界经济复苏步履蹒跚　中国经济转型稳健前行

谢明干

（国务院发展研究中心世界发展研究所，北京 100010）

一、世界经济下行风险加剧

由美国次贷危机引起、2008年全面爆发的全球金融与经济危机，已持续4年多之久，世界经济陷入了二战以来最严重、时间最长的衰退周期。迄今L形的世界经济走势还在延续，加上石油价格暴涨以及战乱、气候异常等一系列因素的综合作用而导致的新一轮全球性的粮食危机，使世界经济雪上加霜，经济复苏举步艰难，经济增速不断下跌。现在，各权威经济组织都看衰世界经济复苏的前景，并且对经济连续下行的风险加剧深表忧虑。

（一）欧洲仍然处于危机的“震中”，主权债务危机继续发酵、蔓延

美国次贷危机以来，受伤害最大、恢复最慢的，并不是美国，而是欧洲。欧洲经济目前正面临最严重的困境。预计欧元区经济2012、2013年都将陷入衰退。目前欧洲的核心国，由于出口下滑、内需不足，经济增长的势头已明显减弱，甚至有逼近衰退悬崖的迹象。2012年德国因制造业订单、工业生产、外贸进出口额均下滑，GDP增幅逐季下降，2013年预计下降到0.6%；法国从2011年开始，经济就连续零增长，预计2013年增长0.3%；英国经济一直萎靡不振，预计全年仅增长0.2%。其他外围国家的情况就更糟糕了，从第二季度以来受到的金融市场与主权债务的压力都在上升，致使资本外流、借贷成本飙升、政府债务大大突破国际公认的危险线、主权债务压力与银行系统之间恶性循环等。有的国家已陷入负增长泥潭不能自拔，到9月份已有6个国家向欧盟申请援助。预计2013年希腊负增长4.5%，西班牙负增长1.3%和1.4%，葡萄牙负增长3.1%和1.8%，爱尔兰负增长0.5%和1.3%，意大利这两年也都是负增长，连一向稳健增长的芬兰第二季度亦负增长1%、丹麦第三季度只增长0.1%。总之，普遍认为2012年欧洲经济正在“二次探底”的边缘上挣扎，全年恐难逃经济衰退之厄运，欧盟统计局的预期是将萎缩0.3%。

除财政陷于困境外，欧洲经济衰退另一突出表现是失业率畸高。在债务问题日趋严重的情况下，那些因此而实施紧缩财政政策的成员国失业状况最为严重，如希腊和西班牙的失业率分别为21%和23.6%，其中青年失业率为50.4%和50.5%，这表明两国都有一半以上的年轻人没有工作。德、法、英等大国亦深陷失业率居高不下之困。各国为走出金融危机之阴影一般都紧缩财政，而这就会导致制造业、建筑业进一步萎缩，失业率进一步上升；失业率上升，又使人们的收入和消费信心进一步下降，经济就更加低迷。看来，大力发展实业经济，创造大量的就业机会，同时适度削减政府开支和过高的福利，才是摆脱这种困境、增强人们信心、激化经济活力、促进经济复苏的关键。

欧盟、欧元区特别是以德国、法国为主体的欧洲核心国，对“受灾国”的救助，可说是不遗余力，各“受灾国”政府也竭尽全力积极“救灾”。如奥地利，在外力的帮助下，采取了符合本国实际情况的财政紧缩政策和经济政策，着重救助了三家境内银行，确保银行业在债务危机中平稳发展，又在科技研发方面加大投入（2012年占GDP的2.8%），推进企业技术创新，以提升经济整体的竞争力，从而使经济形势明显好于欧洲平均水平，失业率、通胀率都比较低，全年经济可望实现正增长（约增长0.6%），2013年将恢复到1.3%~1.7%。在欧元区内，现在已经开始实行欧洲央行的直接货币交换和启动欧洲救助机制——欧洲稳定机制，2012年12月中旬欧盟领导人又就欧元区银行业单一监管机制以及最终建立银行业联盟达成协议，这对“受灾国”摆脱困境是有力的支持，也将打破银行业危机与主权债务危机之间的恶性循环。欧洲第四大经济体西班牙是“重灾国”之一，2012年7月份，欧元区财长会议决定向西班牙金融部门提供第一批300亿欧元救助贷款，贷款利率为3%~4%，贷款由“欧洲稳定机制”直接提供，以帮助西班牙银行渡过难关。同时，要求西班牙成立一家资产管理公司，吸收来自问题银行的不良资产，使其得以资本重组或结构重组。在国际货币基金组织（IMF）、欧洲央行和欧盟的帮助与监督下，西班牙政府认真进行了一系列金融整顿与改革。到11月份，IMF肯定它已取得了“重要进展”，同时也指出它仍然面临严峻挑战。相比而言，“重灾国”希腊的“救灾”工作就不大顺利了。危机以来上述三大机构同意向希腊提供两轮共2400亿欧元的救助款及一次债务减记，同时要求希腊实施一系列紧缩与改革措施。为此每一笔救助款的到账都要经过艰苦的谈判。最近为了尽快取得315亿欧元“救命钱”，希腊政府就同三大机构多次讨价还价。三大机构曾要求希腊年底前裁减公务员1.5万人，退休年龄提高两年，实行6天工作周，将私有部门的解聘金减少三成至五成，放开所有被禁职业等。但希腊国内反紧缩罢工浪潮不断，部分参政党派议员也明确表示反对，以致谈判旷日持久，直到11月初才通过议会表决（赞成者仅过半数）达成协议，至于能否执行落实尚是很大疑问。由此可见，由于欧元区先天不足（货币统一但各自为财），内部决策机制又有局限性，加上受各国政治、民意等国内因素的影响，尽管欧洲已初步建立了一个救助机制，但它能否有效运作，尚存疑问。运作得好，欧洲经济复苏就有可能加快；如果受援国内部纷争不一，不能团结一致共度时艰、锐意改革，那么经济复苏就很困难了。舆论一致认为，欧元区的财政状况和银行业危机目前依然是全球经济的最大威胁。比较乐观的看法是，欧洲经济复苏至少还需要一年时间。欧盟2012年11月7日发布报告称，从短期来看，经济前景依然脆弱，但将于2013年开始逐步重回增长，欧盟和欧元区可望分别增长0.4%和0.1%。

（二）美国经济继续缓慢复苏，但阻力较大，动力不足

在发达经济体中，美国的经济状况算是比较好的。危机以来，美国采取了一系列政策措施，使经济逐渐走上了复苏之路。2012年第一季度增长率为1.9%，第二季度为1.3%，第三季度回升至2.7%，至此，美国经济已连续13个季度保持增长。这使美国的经济信心指数（指对经济现状的信心和对经济前景的信心）大幅攀升，从2008年10月的-65升至2012年10月底的-14。第三季度经济增长提速的主要原因是个人消费回暖，开支增长加速；尤其是房地产市场持续升温，旧房、新房的销售量都保持上升趋势；私人企业保持盈利能力，制造业温和扩张；联邦政府开支增加等。预计美国经济将维持低增长态势，2012年约增长2.1%，2013年约增长2%左右。

但是国际经济界一致认为，美国经济复苏的势头仍然是孱弱的，动力不足，基础不牢。主要表现：一是其拉动经济增长的最大动力是国防开支和军火工业。第三季度的经济增幅中将近有三分之一就是来自这方面，这个季度国防开支竟增长了13%之多。这显然是不可持续的。二是2.1%的增长率不仅低于其潜在增长率（3%），也低于其历史上经济复苏同期的水平，即美国自20世纪60年代以来，历次经济复苏进程中第13个季度的增长率为3%~5.7%，平均为4.6%。三是所谓的"无就业复苏"。到2012年8月为止，美国失业率连续43个月维持在8%以上，创下二战以来的最长周期。9月份降到8%以下（7.8%），但总失业人数仍高达1209万，其中超过27周的长期失业者约480万；10月份失业率又回升到7.9%，仍比危机前高出很多。可见美国失业率高企问题远未解决，还没有形成把失业率大幅下降到危机前的水平的经济基础。

这次金融危机爆发以来，美联储为鼓励企业及居民开支和借贷，刺激国内需求，加快经济复苏步伐，先后三次实施了量化宽松政策，目前已累计购买了约2.5万亿美元资产。最近美联储又决定每月采购450亿美元国债，替代将于年底到期的"扭曲操作"（卖出短期国债，买入中长期国债），被称为第四轮量化宽松政策。如此庞大的流动性，虽在一定程度上有助于美国缓解其经济困境，但量化宽松所导致的大量印钞，寅吃卯粮，使美元资产缩水贬值，财富蒸发，财政赤字大增。据美国财政部的数据，美国现在背负着规模十分庞大的债务：2012财年（截至9月30日）美联邦政府财政赤字已高达1.089万亿美元，为连续第四个财年超过万亿美元大关；政府未偿还的债务为16.06万亿美元，相当于GDP的103%；公众债务（财政部欠社保基金的债务）11.27万亿美元，相当于GDP的72.5%；公共债务总计28.4万亿美元，相当于GDP的179.9%。目前许多人很担心美国正面临的"财政悬崖"问题，有评论说这是除欧债危机外另一把悬在全球市场头上的魔剑，这两把魔剑正在捆绑全球经济一同走向"悬崖"。所谓"财政悬崖"，指的是美国政府在2013年1月1日，中止小布什政府颁发的减税方案，实行新的增税方案，2013年全国将增税5320亿美元，平均每个纳税人将要多交3500美元税；同时，启动新的"自动减赤机制"，2013年将削减1360亿美元政府开支，未来十年共削减1.3万亿美元。这两项举措关系重大，虽有利于降低财政赤字，但也有很大的负面影响：增税会导致个人可支配收入下降，减少消费，削弱消费对经济的拉动作用（而消费在美国GDP的占比中高达70%以上）；削减政府开支会减少对失业人员的补助，减少医疗保健开支，降低中低收入人群的生活质量。对此问题，美国两党主张不一，争论的焦点本来是应不应该全面提高税率，后来转为主要由谁来付税、付多少的问题，即富人加税门槛是年收入40万美元还是100万，未来十年增税1.2万亿还是1万亿美元，未来十年削减政府开支1.22万亿美元还是1万亿美元，提高债务上限并两年调整一次还是提高债务一年。据美国国会估计，如不能避免"财政悬崖"的出现，2013年美国实际GDP将至少下降0.5个百分点，经济将重新衰退，失业率将上升到9%以上。这对美国是一个灾难性的后果，对全球经济亦是一个重大打击。看来，尽管双方还在讨价还价，但为了国家的共同利益，双方最终是会达成一个折中方案的。当然，避开"财政悬崖"，并不可能从根本上解决那么庞大的债务问题，只不过是把债务往后推迟而已。债务问题仍将是妨碍美国经济复苏、影响美国经济长期稳定发展的重要因素。因此，正如美联储主席伯南克近期所说，美国经济现在只是缓慢增长，真正复苏至少仍需几年时间。

（三）日本经济持续长期的萎靡不振，韩国经济呈下滑的态势

日本经济自20世纪90年代初达到高峰之后，连续20年陷于低迷，在零增长线上下波动，被称为“失去的二十年”。受这次全球金融和经济危机以及本国大地震大海啸的影响，日本进出口大幅下滑，公共债务高企不下，虽然一直实行货币宽松政策，但未见多少起色，2012年又由于在政治上向极右转，内政外交问题加剧，经济进一步恶化，第三季度经济萎缩3.5%，预测全年经济增长只有1.5%，2013年又降回到0.6%，今后几年的经济前景亦甚不乐观，日本人惊呼要出现“失去的三十年”。

日本是以贸易立国的。据日本财务省发布的数据，2012财年上半年（4月至9月）贸易收支逆差高达406亿美元，创下1979年有可比数据以来的半年度新高。个中原因，除欧债危机导致全球经济减速外，主要是日本国内核电站停运使液化天然气和原油的进口长期维持在高位，以及出口明显减少，9月份对欧盟出口同比下降21%，对中国出口下降14%。

日本过去赫赫有名的家电巨头，由于创新不足、战略不当以及受世界金融危机、大地震的影响，竞争力已明显下降，产量锐减，出口大跌，都坠入了巨亏泥潭，松下2011财年亏损约100亿美元；索尼2012财年预计亏损29亿美元，已连亏8年；夏普在截至2012年3月底的财年里亏损38亿美元。汽车、钢铁及其他制造业的情况也不佳，汽车本车及零部件等的出口都大幅减少。这就严重影响到日本的国家财政收入，加上日本政府近年大大增加国防开支，财政捉襟见肘，国家债务已近1000万亿元，政府的财政收入约有半数来自发行赤字国债。按照日本法律规定，每个财政年度政府发行赤字国债的前提是国会通过，这就往往为党派纷争所用，加剧政局的混乱和社会的动荡。

韩国在全球经济中也占有重要地位，同中国的经济关系尤为密切。受全球经济低迷导致的出口放缓和内需不足影响，韩国制造业、建筑业、农林渔业和设备投资等方面均表现低迷，经济继续下滑，增幅低于预期。据韩国央行预计，如果欧债危机得到妥善解决和美国避开“财政悬崖”，韩国经济增长2012年为2.4%，2013年为3.2%，均比原先的预期下调了0.6个百分点；否则，经济情况将更加恶化，下滑得更多。韩国的出口依赖程度高达70%以上，而2012年以来出口与月俱降，第二季度出口对经济增长的贡献度竟低于内需。但是内需的增长也面临很大的压力，主要是家庭负债已接近1000万亿韩元，负债比重世界第一，这就极大地伤害了家庭消费能力。韩国央行的数据显示，韩国国内消费增加率已连续39个月低于经济增长率，创下历史最长的纪录。韩国政府已采取了一系列包括金融、营销、行政等方面的应对措施，诸如几次降低银行基准利率，下调中小企业总信贷限额的年利率，追加贸易使节团的活动经费，提高对非洲、中东、东盟等新兴市场贸易保险的扶持限度，强化关于扩大外贸的培训与咨询服务等，已取得了一定成效，估计经济可能于第四季度缓慢回升。

（四）发展中国家受发达国家拖累经济增速放缓，但经济基本面良好并呈持续增长态势

发展中国家尤其是新兴经济体不仅已成为世界经济增长的主要动力，也深刻改变世界经济的格局，即使是百年一遇的国际金融危机也未改变这一趋势。据统计，2011年新兴11国（E11）整体的GDP规模比20年前扩大了5.6倍，占全球GDP的份额翻了一番，远远领先于其他经济体。但是在这次世界金融危机中，发达经济体金融危机的外溢风险日益严重，使新兴经济体和发展中国家的经济受到的负面影响日益加剧，目前各国都在采取各种有力的应对措施。例如“金砖五国”之一的巴西，预计2012年经济增长1.9%，原先预期为4.5%，巴西政府正采取一系列经济刺激政策，包括对汽车和白色家电行业减税，批准40个工业和服务部门免交企业社保金，降息并把基准利率维持在7.25%的历史最低水平等，以鼓励企业加大投资和刺激就业市场，经济有望逐步回升。印度，由于经济增长明显放缓和消费者信心下跌，政府采取了大规模的应对措施，其中比较重要的是发挥金融杠杆的调节作用，如下调存款准备金率至4.25%，目的是为市场注入流动性，刺激经济活力；从2011年3月起央行连续加息，把基准利率上调至8%以上，以遏制通货膨胀。预计印度2012年经济增幅将可保持6%左右。俄罗斯，经济的整体情况运行良好、形势稳定，预计全年增长3.5%左右，遇到的主要问题是原油出口和加入世贸组织的不确定性，另外通胀率也比较高（6.5%）。南非，2012年第一、二季度同比分别增长2.7%和3.2%，第三季度跌至1.2%，是2009年二季度以来的最低点，主要是受矿工大罢工的影响，预计全年增长2.5%，今后两年可望增长3.5%~4.5%。中国，则是亚洲地区乃至世界经济增长的重要引擎。

从地区来看，亚洲仍将继续为全球经济复苏提供驱动力，2012年平均增速有望达到5.4%，主要是由于东盟经济一体化进展顺利；非洲，增长势头保持强劲，预计增长5%，高于上年的4.8%，今后两年可达到5.2%和5.4%；拉美，情况也不错，预计增长3.2%，其中中美洲复苏较快，预计增长4.4%；情况较差的是东欧国家，由于直接受欧债危机的拖累，经济增长呈现出总体萎缩态势，其中以匈牙利、捷克较为明显。总之，在全球经济不景气的大气候下，发达经济体困难重重，前景暗淡，而发展中国家亮点纷呈，为世界经济复苏与发展做出了重要贡献。

二、中国经济：放缓—企稳—回升

2012年世界经济的最大亮点，是中国经济在调整结构、转变发展方式中稳健前行，经济回升得比较早也比较快。

（一）全年经济约增长7.8%左右，高于年初提出的7.5%目标

其中一季度增长8.1%，二季度增长7.6%，三季度增长7.4%，四季度有望增长8%，这表明经济从以前的过热逐步回落，到三季度末企稳回升、稳步增长，并没有出现国内外不少人曾经很担心的“硬着陆”。经济增长百分之七八，是中国现阶段比较理想的速度，增长质量比较好，增长速度也比较快，尤其是在全球金融危机还在肆虐的情况下、在世界各主要经济体经济陷于衰退或下降的情况下，中国经济增长能够达到这样的速度，来之不易。经济增速的适度回落，既是受全球金融危机影响的必然结果，也是调结构、转方式的客观要求，不把增长速度适当放缓一些，调结构、转方式就难以进行。作为世界第二大经济体，中国既避免了经济“硬着陆”，又保持了经济比较快的增长，保持了宏观经济的良好运行，这将为世界发展带来更多的机遇与极大的信心。

（二）在世界金融危机的冲击下，宏观经济基本面依然良好

就业。前11个月，全国城镇新增就业1202万人，已超过了年初确定的“全年城镇新增就业1000万人”的目标。这主要是由于经济平稳较快增长不断创造出大量新的就业需求，特别是各地城镇化的迅速发展和西部大开发的深入进行，以及东部沿海地区大量劳动密集型产业向中西部地区转移，新增加了很多就业机会。

物价。全年物价呈逐步走低的态势，主要

原因是宏观调控得力，特别是粮食生产实现了“九连增”，大大减轻了国际粮价上涨对我国的不利影响，也为我们调控物价提供了最重要最基本的物质基础。2012年，居民消费价格总水平（CPI）呈下降之势，1月份为4.5%，6月份为2.2%，到9月份为1.9%，10月份又降到1.7%。1~11月平均，全国CPI同比上涨2.7%。预计全年为3%左右，比2011年的5.4%显著降低，比年初确定目标4%也降低了1个百分点左右。反映生产领域物价变化的工业生产者出厂价格（PPI）的同比涨幅，自2011年7月达到7.5%的高位之后，就开始了下降的趋势，到2012年3月出现负增长，9月为-3.6%。10月虽仍然是负增长，但已出现回升，比9月份回升了0.8个百分点。这表明企业利润周期的拐点已经显现，短期经济正在企稳；也说明行业的景气刚开始恢复，实体经济还需要继续发力。

工农业生产。工业是我国国民经济的支柱，也是受世界金融危机影响最大的领域。自2011年7月以来，规模以上工业增加值增幅就呈振荡式下降之势，到2012年8月增速降到8.9%企稳后逐月加快回升，11月达到10.1%，预计全年为10%以上。规模以上工业企业实现利润开始扭转下降的局面，1~10月同比增长0.5%，其中10月当月同比增长20.5%。农业是我国国民经济的基础，粮食是基础的基础，2012年粮食生产又获得了创纪录的大丰收，总产量达到11791.4亿斤，比上年增产367亿斤，实现半个世纪以来首次连续9年增产，而且是全面均衡增产，即水稻、小麦、玉米全部增产，夏粮、早稻、秋粮季季丰收，面积、总产、单产全面提高。

对外贸易。前11个月，进出口总值为35002.8亿美元，同比增长5.8%，其中出口增长7.3%，进口增长4.1%；贸易顺差为1995.4亿美元。未能实现年初确定的“全年外贸增长10%”的目标，其中出口增速下降的原因是：世界经济增速持续下降，外部需求严重不足；国内要素成本上升，人民币升值加快；国外贸易保护主义加剧。进口增速下降的原因是：国内经济增速放缓，需求相对不足；有些国家对我国进口高新技术产品设置障碍；价格因素，如11月进口同比增长3%，而价格同比下降2.9%，使进口金额同比基本不变。2012年外贸形势有几个新特点：（1）中欧、中日贸易下降，中美、中俄、中国与东盟、中国与巴西的贸易增长。（2）中西部地区的贸易出口值的增幅远高于沿海地区。（3）民营企业成为对外贸易的生力军，进出口总值增幅远高于外贸总体的增幅和国有企业的增幅。（4）机电产品出口增长稳定，占出口总值过半（57.2%）。（5）进口方面，能源和资源性产品平稳增长，大豆进口数量增长，铁矿石、铜、铝等进口价格下跌。

（三）其他主要经济指标基本达到或超过年初提出的目标

固定资产投资。固定资产投资的增速一直在加快，对经济增长仍然起着重要的拉动作用。前11个月，全国固定资产投资（不含农户）同比增长20.7%，其中，制造业投资113196亿元，同比增长22.8%，比前10个月下降0.3%；施工项目计划总投资709422亿元，同比增长16.3%，比前10个月上升0.3%；新开工项目计划总投资287332亿元，同比增长28.8%，比前10个月增长2.1%；民间固定资产投资201624亿元，同比增长25%，比前10个月下降0.2%。

社会商品零售总额。前11个月，全国社会消费品零售总额186833亿元，同比增长14.2%，扣除物价因素实际增长12%。消费市场的特点有：（1）呈现V形走势。8月份以前受宏观形势影响小幅回落，8月份以后企稳回升、快速增长。消费对经济增长的拉动作用日益明显。（2）城镇消费回升，增速在加快。（3）大中型流通企业销售额增加，增速也在加快。（4）升级换代商品（汽车、家电、建材等）销售额回升。

消费回升缘于经济回升、物价回落和居民收入增加，反映出广大消费者对经济发展前景的信心增强了。

居民收入。实现了“十二五”规划提出的居民收入与经济发展同步的要求，前三季度，城镇居民人均可支配收入增长9.8%，农村居民人均现金收入增长12.3%，均高于GDP增长的速度。

财政收支。前11个月，全国税收收入为9.36万亿元，同比增长9.8%，但增幅同比回落14.9个百分点。增幅回落，有受大环境的影响，经济增长放缓、企业效益下滑、价格涨幅回落、工业生产者出厂价格下降和进口增长放缓等原因，也有结构性减税力度加大的原因。结构性减税政策的实施，短期看会出现财税收入增幅下降的情况，但是可以大大减轻企业和居民的负担，“放水养鱼”，从长期看对经济发展、财政增收大有好处。前11个月，全国财政支出为10.49万亿元，同比增长17.9%。在年度预算中要求财政对“三农”、教育、医疗卫生、社会保障和就业、保障性安居工程、文化事业等的支持力度增长20%以上，预计到年底都可以实现。

（四）经济结构正在改善，一些重大比例关系逐渐趋向协调

需求结构。过去经济增长过分依赖出口的情况已发生变化，转为主要依靠扩大内需，特别是消费，2012年前三季度消费对GDP的贡献度已达到55%，投资驱动力虽有所上升，但低于过去几年的平均水平。

供给结构。一产（农业）稳定增长，三产（服务业）占比上升，二产（工业）占比下降。传统工业结构中，耗能大的钢铁、水泥、建材、电力、化工等行业抓紧淘汰落后产能、推进兼并重组，提高产业集中度；机械工业迈过简单的规模扩张阶段，进入了比拼创新、质量、服务的核心竞争力的新时期，有些企业开始从传统产品制造商向综合成套服务提供商转变。

出口结构。出现了重大的结构性变化：尽管对欧、日的出口下降，对美出口近于零增长，但对发展中国家的出口有较大增长；尽管纺织品、服装等传统商品出口下降，但机电产品出口显著上升，特别是高新技术产品和一些附加值较高的集成电路、电子元器件等出口增长较快；一般贸易增速开始提升，并快于加工贸易；“双顺差”现象消失，在贸易顺差大幅回落的同时，资本与金融项目顺差也大幅下降甚至负增长；对外投资大规模增长。

区域结构。区域生产总值的分布更加均衡，中西部与东北地区的生产总值占全国的比重已接近一半（2006年只占44.7%）。2012年前三季度西部同比增长12.4%，中部10.8%，东北地区10%，均高于东部地区的9.1%。中西部地区无论是外贸出口或引进外资的增幅都明显高于东部地区，全国出口的中心正在向西部转移。

（五）环境治理、节能减排取得新进展

一是对水资源实行严格管理。2011~2012年完成水土流失综合治理10.4万平方公里，治理小流域6700条。2012年上半年全国地表水国控断面好于三类水的比例为51.5%，同比提高2.7个百分点；环保重点城市集中式饮用水源地水质达标率为94.2%，同比提高3.6个百分点。

二是环保重点城市空气质量总体良好，四项主要污染物（化学需氧量、氨氮、二氧化硫、氮氧化物）排放量普遍下降，其中北京、上海、浙江、河南降幅较大。环保重点城市的优良天数比例平均达到92.1%，同比提高1.3个百分点。

三是2011年全国能耗强度下降了2.1%，2012年碳强度将下降3.5%以上。关停高耗能高污染的落后产能正在深入推进，“十一五”期间就关停了小火电机组7700万千瓦，淘汰了落后炼铁产能1.2亿吨、水泥3.7亿吨，2012年这项工作正在加快推进。过去6年全国单位GDP能耗减少了21%。**（未完待续）**

关于2013年中国经济走势的分析和判断

杨宜勇

（国家发改委社会发展研究所所长，世界经济（达沃斯）

论坛全球议程理事会理事，北京 100045）

2012年的中国经济已经艰难收官．据初步核算，2012年国内生产总值519322亿元，按可比价格计算，比上年增长7.8%。分季度看，一季度同比增长8.1%，二季度增长7.6%，三季度增长7.4%，四季度增长7.9%。从环比看，四季度国内生产总值增长2.0%。2013年的中国经济预测给人的感觉是雾里看花，莫衷一是。

一、乐观的看法

（一）马骏博士的预期

德意志银行大中华区首席经济学家马骏博士2013年1月14日发表了对2013年中国经济增长走势的乐观看法。中国CDP同比增长幅度预计将在2013年上半年从2012年下半年的7.6%上升至8.0%，继而在2013年下半年提高到8.5%，并可能在2014年上半年的某个时点达到9.0%左右，形成下一个峰值。马骏博士认为，推动2013年中国经济增长加速的原因有三：一是在经过一段时间的去产能之后，企业的产能利用率和利润率开始回升并拉动企业投资；二是政府将增加基础设施投资；三是2013年下半年欧美经济复苏应拉动中国出口增长反弹。同时，马骏也指出了预测所面临的若干风险。其中，下行风险主要包括两个：一是美国如果无法在2月底前对债务上限达成协议，政府将被迫大幅削减开支；二是中东地区冲突可能导致石油价格上升。这些因素均会冲击国际经济和对中国的出口需求。预测所面临的主要上行风险是2013年中国政府财政支出的增长可能超过预期，原因包括超预期的财政赤字和财政收入增长。

关于2013年的货币政策，马骏预计前三季度货币政策将保持稳健。进入第四季度或2014年初，如果通胀回升伴随经济过热预兆，中国可能会考虑适度收缩货币政策。关于改革，马骏认为最有可能在2013年取得实质性进展的领域包括资源价格改革、利率市场化、资本项目开放、营改增扩围、增加财政对卫生和社保的支出等。改革将提升天然气、电力、供水等行业的投资回报率，拉动服务业的增长，促进资本市场的发展，但银行业的净利差将继续下降。

（二）汇丰的预期

汇丰2013年1月16日发布了对2013年全球经济的研究展望，预测2013年中国经济温和复苏，全年经济增速在8.6%左右，通胀维持在3%水平。汇丰集团首席经济学家简世勋认为，世界正在从一个“美国的世纪”转向“中国的世纪”。在新一轮的全球经济发展过程中，那些和中国在地域上靠得比较近的国家或地区，或者是主要大宗商品生产国将会成为赢家，而输家是那些还没有抓住和中国发展贸易机会的国家。汇丰大中华区首席经济学家屈宏斌用“温和”“宽松”和“加快”来概括对今年的看法。预期中国经济今年全年的增速将在8.6%左右，这个经济的温和复苏是可以持续的，而不是一个V形的反弹。由此带来的通胀压力并不大，会维持在3%左右。通胀温和，为货币政策继续保持宽松留下了空间。汇丰预期偏宽松的货币政策主要是通过存准率进一步下调、逆回购操作，来保持适度的社会融资总量增长。考虑到目前经济增速已走出谷底，降息可能性降低。人民币国际化以及人民币进一步走向资本项目可兑换的进程都会进一步加快。预计3年内中国贸易总额的30%以上将由人民币结算。

汇丰的专家表示，美国经济看上去肯定比欧洲经济来得健康，但经济复苏还是相当疲软的。现在美国的失业率高，相信美联储还会在今年继续推行量化宽松政策。美元会相对走软，但不会有太大变化，兑欧元大概在1.35。今年的金价目标有所调低，预测在1850~1760美元/盎司的区间。人民币今年可能小幅升值，预计今年年底美元兑人民币达到6.18，明年底在6.12左右。

（三）经济合作与发展组织的预期

经济合作与发展组织（OECD）在2012年11月26发布的一份最新报告中将中国2013年的经济增长预期下调到8.5%，原因是迟迟未能得到解决的欧元危机可能在未来数月打压中国的出口。此前五月份经合组织对中国明年的经济增长预期为9.3%。经合组织强调，出口形势疲软将对中国经济增长构成严重威胁。“中国经济体仍将面临外部阻力。”报告称，“按过去的标准来看，出口增长步伐仍将受到压制”。欧洲是中国最大的出口市场，报告认为，若欧元区危机恶化，中国明年的经济增幅或下降0.6个百分点，2014年的经济增幅或下降1.3个百分点。按照该报告的定义，所谓危机恶化指的是股票价格下跌40%，面临市场压力长达两年之久的欧元区国家长期政府债券收益攀升300个基点。

整个经合组织都将陷入衰退，而中国和其他新兴市场经济体将无法从中幸免。报告同时承认，中国已经走出了经济放缓的阴影，且房地产价格的攀升和基础设施的增加预示着中国经济的复苏将延续到2014年。

（四）世界银行报告的预期

世界银行2012年12月19日在新加坡发布的《东亚与太平洋地区经济半年报》预测，东亚地区2012年增长将达7.5%，低于2011年实际达到的8.3%，但2013年将回升至7.9%。报告称，东亚地区2012年的经济表现受到中国经济增速放慢的影响。中国2012年的经济增长预计可达7.9%，比上年的9.3%低1.4个百分点，为1999年以来的最低增速。出口疲弱和政府给过热的房地产市场降温的努力导致2012年中国经济增速减慢，但今年最后几个月已开始复苏。预计在2013年，在财政刺激和大型投资项目加快实施速度的推动下中国经济增速可达8.4%。

（五）《中国宏观经济分析与预测报告（2012–2013）》的预期

刘元春在中国宏观经济论坛上代表课题组介绍《中国宏观经济分析与预测报告(2012–2013)》时说，在存货周期逆转、消费持续增长、外需小幅回升、投资持续加码等多因素的作用下，中国宏观经济重返复苏的轨道。对于2013年的经济形势，刘元春指出2013年不仅是中国宏观经济完成由“复苏”向“繁荣”的周期形态转换的关键期，也是中国迈向新结构、超越新常态的关键年，也是多重因素叠加充满不确定性的一年，更是全面确立和落实新经济发展战略的一年。因此，2013年中国宏观经济将是在复杂中充满朝气的一年。利用模型预测，他们认为2012年由于第四季度超预期的状态，

2012年GDP将达到8%，物价水平2.6%。2013年中国经济将重返9时代，达到9.3%，CPI出现反弹，达到4.1%。

二、悲观的看法

（1）“经济增长低于8%，通货膨胀率持续一年高于5%，中国经济就会出现硬着陆。”“末日博士”鲁比尼预测中国硬着陆的时间很可能是2013年。2013年，中国政府如果不针对投资过度、高通胀率提出行之有效的经济改革措施，将很有可能导致经济增长放缓，经济硬着陆的可能性也将调高至40%。鲁比尼认为导致中国经济硬着陆的罪魁祸首是过度投资和通货膨胀。一直以来，拉动中国经济运行的三驾马车总是以“非典型性”的比例出力。数据显示，在一个典型的发达经济体里，消费占到GDP的比重是2/3，而中国目前的这一数据是35%，只相当于平均水平的一半多一点。此外，在一个典型的新兴经济体里，投资应占GDP的30%，中国如今的投资额占GDP总量的数字接近50%。这是一个不可持续的模式。

目前在中国，过度投资的项目除了涉及高速铁路、高速公路、新机场等公共设施，还包括房地产中的高端住宅和商业住宅市场，以及制造业中的服装、家电、水泥等多个产业。投资过度除了导致供大于求、产能过剩，还会引发其他危机。例如基础设施建设因边际收益低、现金回报率低，大批建设极易催生银行的不良贷款。鲁比尼认为能否避免经济硬着陆取决于中国政府是不是能够有所作为，调整经济结构、推进改革、减少投资、降低储蓄率、增加消费。“中国现在是因为很多结构性的原因妨碍了经济的上升，但改革会伤害到现有体制的既得利益者，所以在经济转型的同时还需要进行政府改革”。

（2）2012年9月19日，渣打银行发布2013年中国宏观经济预测报告，预计2013年GDP增长为7.8%，下半年将好于上半年。主要是由于2012年中国经济实际增长动力减弱，尤其是制造业，实际GDP增幅甚至可能略低于官方数据，而企业正在经历艰难的时刻——现金流混乱，应收账款上升，投资意愿低迷，库存居高不下，与此同时，国际和国内对中国经济的情绪也在变糟。

（3）华泰证券于2012年11月26日在三亚举办的题为“改革谋求新转机”的会议上表示，未来央行货币政策将释放弹性宽松空间，2013年GDP增长率预测为7.5%。

（4）中国宏观经济学会秘书长王建2012年初接受和讯网访谈时发出警告， 2013年中国经济增速或存在破六可能。王建认为，中国经济增长的内生因素均出现剧烈收缩，宏观经济三年下行趋势已定，未来两年经济增长年均下降1~2个白分点，直到2013年才能见底，在欧美进入衰退的情况下，不排除2013有破六的可能。前不久，针对9、10月份宏观经济数据好转，中国宏观经济学会秘书长王建表示经济下行趋势难言终结。他仍然认为中国经济还没有触底，9月的反弹是暂时的，只表现了经济在下行趋势中的波动。理由是因为观察短期经济运行不仅需要短期视角，更需要长期视角。长期因素决定长期经济趋势，至少是长达5年的中期趋势，不会因短期因素变化而立即改变。

三、中性的看法

（一）IMF称2013年中国经济增长率将为8.2%

国际货币基金组织(IMF)和世界银行在2012年10月9日上午在东京开幕，IMF同日发布全球经济预测数据，预计中国经济增长率将从2012年的7.8%到2013年重回8.2%。IMF当日上午发布了最新全球经济预测数据，其中，2012年全球实际GDP增长率为3.3%，2013年为3.6%，分别比7月时的预测值下调了0.2%和0.3%。IMF调查局长布兰查德表示：“全球经济持续复苏，但恢复力正在减弱。”表现在发达国家经济增长持续低迷，难以改善大幅失业率；而发展中国家及新兴经济体的经济增长也在放缓。IMF在预测中对世界各国经济增长率均做了下调。发达国家在2013年的经济增长将在1.5%，发展中国家及新兴经济体的经济增长则在5.6%，分别比2012年7月的预测数字下调0.3%和0.2%。

IMF称全球经济增速预测下调的主因是：债务危机迟迟得不到遏制的欧洲等发达国家“难以重新建立对未来的信心”。IMF强调，全球经济的复苏方面“不确定性因素严重压制了增速预测结果”。而发达国家经济的疲软也影响了发展中国家和新兴经济体的出口，从而致使本呈上升状态的3大新兴经济体(中国、印度、巴西)经济增长均一度减速。IMF调查局长布兰查德在谈到中国经济增速放缓时称，中国政府采取了恰当的做法，为实现经济的软着陆和可持续发展，采取了诸如下调储蓄利率，加大基础设施建设等刺激经济增长的办法。因此，IMF预测中国经济虽然在2012年一度出现减速，但从2013年开始，中国经济又会逐渐返回到8%以上的增长率。

(二)经济蓝皮书2013年预期GDP增长率为8.2%、CPI预期为3.0%

由中国社会科学院经济学部、中国社会科学院数量经济与技术经济研究所和社会科学文献出版社主办的一年一度的经济蓝皮书2013年预期GDP增长率为8.2%、CPI预期为3.0%。

对中国2013年经济增长的预期，他们给出一个基准的预测，这个基准的预测有两个假设条件，假如2013年欧元区的情况不再明显恶化，欧元区能够保持统一；另外一个假设，假设2013年初美国能够妥善应对财政悬崖问题。这两个条件下，随着2012年中国已经出台的稳增长措施的效果逐渐显现，考虑到我国宏观调控还具有较大的回旋余地，财政与货币政策还具备较大的政策操作空间，必要时可进一步推出稳增长的政策和深化改革的措施，预计2013年中国经济将实现平稳温和的增长，GDP增长率为8.2%左右，在基准的情况下，高于2012年7.7%的水平。尽管如此，他们对于2013年的预期只能是谨慎乐观，因为我们还必须对国际经济可能面临的下行风险保持警惕，必须保持足够的政策弹性和政策储备，以应对国际经济可能出现的下行风险。目前这个下行风险的概率，从现在来看，预计应该低于50%。但是，随着时间的变化，以后风险的概率每个月都会有变化。

2013年，以至更长一个时期，国际经济环境将依然复杂多变。从基态预期方面看，最新数据显示美国经济与就业状态有所改善。目前，美国已经推出第三轮量化宽松政策，欧洲中央银行已经推出货币直接交易，预计2013年世界经济与贸易的增长率可能略高于2012年，其中欧元区经济有可能摆脱衰退，实现微弱的增长。这是一个基准的预期，但是也面临着巨大的风险。从风险方面看，由于这次国际金融危机主要是结构性的危机，而全球性的结构调整还需要持续较长时期，因此2013年的国际经济发展仍然具有较大的不确定性。一是欧元区危机可能加深，不排除个别国家退出欧元区的可能性。二是近期美国日益逼近的“财政悬崖”问题。三是新兴经济体内部的脆弱性可能再度浮现，出现新的问题。

(三)联合国发布的《2013年世界经济形势与展望》

2012年12月18联合国发布了一份关于明年全球经济形势预测的报告，名为《2013年世界经济形势与展望》。这份报告由联合国经济与社会事务部、贸易发展会议及联合国5个区域经社委员会每年1月联合发布，是联合国发布的重要经济报告之一。报告给出的数字表明，世界经济增长继2012年大幅(下转第49页)

中国海外合作区建设与对策

常 健

（国家发改委经济体制与管理研究所，北京 100035）

党的十八大报告指出：加快“走出去”步伐，增强企业国际化经营能力，培育一批世界水平的跨国公司。统筹双边、多边、区域、次区域开放合作，加快实施自由贸易区战略，推动同周边国家互联互通。为此，中国海外投资已经上升到较高层次，由企业单打独斗，逐步发展为海外合作经济区的建设。

研究中国海外经济区建设与对策，有助于中国企业加深了解海外投资的机遇与风险，有助于海外经济区提升自身水平，有助于加快实现“走出去”战略。

一、建立海外合作区要做扎实调研

海外投资涉及所在国政治、经济、文化诸多因素制约，受国际政治、经济影响更为直接，不做好扎实充分的准备工作，风险无疑是巨大的。

（一）所在国国情

包括：所在国地理位置、首都、官方语言、面积、全国人口、城市人口比例、年平均人口增长率等。还有：自然地理情况、海拔、气候、季节情况、年平均气温、平均降雨量、著名山川河流，自然资源、矿产资源、优势资源等。

（二）所在国经济情况

所在国国民生产总值、经济增长速率、失业率、流通货币、与美元的比价、宏观经济政策、对外贸易总额、外汇储备、外债总额、主要产业、支柱产业、支柱产业在财政收入的比重等。

（三）中国与所在国政治、经贸关系

两国是否有着传统友好的合作关系，两国建交年代，在国际交往中是否彼此信任，相互理解，互相支持，密切配合，是否为我国最重要友好国家，历史上两国交往过程中的一些事例，两国领导人互访情况，双边贸易额年均增长状况，是否签有双边贸易、鼓励和保护投资以及多个经济技术合作协定，中国是否为所在国重要的贸易合作伙伴。

（四）所在国投资、税收政策及法律环境

所在国法制环境是大陆法系还是英美法系，现有政策法律的执行是否讲求公平性。

（1）土地政策

所在国有无《土地法》，如有，是否包含明确条文：政府帮助投资者确定适合投资的土地，并按确定的程序帮助其申请土地。在投资者获得土地使用权后，政府将帮助投资者获得所需的水、电力、交通、通讯和其他的便利条件，投资者获得土地使用权的相关程序应当比较简便，还有土地最长使用年限等。

（2）外汇与投资政策

所在国是否实行自由的外汇政策，公司和个人外汇可否自由兑换和买卖外汇，并可自由

汇进、汇出。

所在国是否实行自由贸易政策。政府有无针对少数商品的出口和危害国家安全、违背社会道德、宗教信仰的物品进口实施管制，对其他商品的进出口数量和数额有无限制。

所在国是否积极鼓励外商投资，有无颁布的《投资法》，有无专门负责管理海外投资者的机构、规定外商投资企业投资准入资金限额等。

（3）税收政策

所在国税收类型及其政策法律应明确的：个人所得税是否为累进制，税率分几档。增值税率，包括进项税、销项税税率。企业所得税税率，一般企业以亏损抵税年限。资源税率，有无优惠税率。关税税率，按货物类别划分税率等级，有无部分类别产品减免关税。

（五）劳动力和社会治安状况

所在国劳动力是否充裕、成本状况，当地员工工资与福利标准：临时工、一般技术性临时工（根据不同工种）、熟练技术性工人、合同制长期工、高级管理人员薪酬标准数据。

所在国工会组织状况，在投资领域企业中影响较大的工会组织，是否依照相应工会法律从事有关活动，工会组织可否代表自己会员就有关问题与雇主进行谈判。

所在国治安状况如何，有无黑社会等邪恶势力，有无种族冲突，有无重大刑事案件。所在国政府治安管理效率如何，社会秩序在法制环境下表现如何。

（六）基础设施条件

所在国的国家市政基础设施状况，中心城市及周边地区基础设施状况。

（1）交通运输条件

所在国铁路规格，总里程。主要铁路线及铁路网。铁路运输占总运输量的比重。

所在国公路总里程，其中柏油路、石子路、非等级公路里程。公路运输占总运输量的比重，有无交通枢纽。

所在国大小机场数量，其中主要机场、国际机场数量。最重要的航空枢纽，通过哪些机场可以飞往世界各地。

所在国如为内陆国家，无海岸线，进出口产品需通过铁路或公路经由哪些港口转口完成。

（2）邮政和通信

所在国在城镇邮政局分布状况，能否做到将各种邮件送往世界各地。有无特快专递公司，发往中国的邮件一般需要几天到达。

所在国的电信服务业水平，有几家通讯公司经营移动通讯业务，移动电话实行的收费模式；电信增值服务（互联网）市场所处阶段。

（3）供电和供水

所在国电力资源状况，国家电网电力能否基本满足工业、农业生产和城乡人民生活需要，综合电价是否低于我国水平。

所在国水资源状况，河流和地下水能否为新兴工业提供足够的水源，工业用水价格多少。

（七）工作签证程序

所在国移民工作环境如何，赴该国工作签证获得是否容易。外籍人员拟长驻（超过3个月为长驻）并工作的，应向该国移民局办理什么手续。

二、建立海外经贸合作区的政策设计

建立和健全海外经济贸易合作区的政策，对处于所在国国情之中的合作区建设将起到事半功倍的作用。合作区政策要在所在国的国情下，通过双方政府合作创新，制定必要的、为合作区“量身定做”的政策。

（一）合作区政策

依据互惠互利的原则，借鉴我国开发区政策的实践经验，主要对合作区在税收、海关、移民、行政管理等方面政策进行规划。

1、税收政策

（1）合作区可以借鉴我国在改革开放初期

实行的“特殊经济区”政策，争取在现有税收政策基础上，对合作区实行区域与行业优惠政策结合的税收优惠政策，突出政策的“特殊经济区域”特性，如我国开发区对区内企业实行“所得税减免期”（经营期10年以上，从获利年度算起）政策，即两免三减半，前两年免税，后三年税收减半征收。合作区税收政策具体可以参照我国的开发区税收政策。

（2）合作区享受区内企业应缴纳税收的返还政策，返还比例原则上所在国政府为30%~40%，合作区为60%~70%，年限不低于12年。

（3）合作区企业适用优惠的所得税率，并允许缩短固定资产折旧年限或采取加速折旧的会计核算办法。

（4）对于合作区企业非所在国公民的工作人员，允许其在一定年限内免缴社会保障税。

我国开发区税收政策综合参考表见表1。

2、海关政策

合作区内应设立所在国海关办事机构，为区内企业提供产品进出口、保税、监管等方面服务。如果合作区设立“保税区”，需要制定保税区海关管理制度，为合作区建立“绿色通关”通道。

3、移民政策

合作区内应设立移民局办事机构，制定合作区企业外国（中国）劳工、人才出入境签证政策，放宽年限和条件限制，提供签证便利，鼓励企业投资和生产。

4、行政管理政策

合作区在双边工作委员会机制下，对合作区经济活动相关的一切行政管理，由所在国政府或立法机构授权“合作区管理机构”，在合作区内行使行政审批、收取税费、治安保卫、规划建设等行政管理职能，在合作区设立“行政服务窗口”，为区内企业提供“一站式”审批服务，对政策法律规定的减免税、许可证、海关、商检、入境签证、消防、土地、房产等事务规范办事程序，明确办事时限，保障合作区高效的行政效率。

5、公共安全政策

合作区应从法令条文、治安机构及社会合作方面营建完善的公共安全服务系统，保障合作区安全运行。

（1）把合作区作为所在行政区的一个特殊区域，以法律形式规定合作区社会公共安全条例。

（2）国家或地区治安部门（警察局）在合作区设立治安专门机构，配备必要的治安力量负责合作区社会治安；并允许合作区建立保安机构。

（二）我国支持政策

为了支持合作区成功建设，我国政府支持企业对外发展和“境外经济合作区”政策外，还应在以下几方面予以扶持：

（1）国家政策和商业银行为合作区开发企业提供优惠利率的开发贷款。

（2）用于对合作区投资、建设的资金，给予外汇便利政策。

（3）合作区开发建设和区内企业生产运营所需的机器设备、建材、产品零部件等在我国采购的，实行出口退税、增值税和关税减免征收优惠。

（4）对我国援外、投资人员的个人所得税实行“非双重交税”，以及减免政策。

（5）对合作区内生产的我国急需的资源性产品，应免征或“先征后退”进口环节增值税。

（6）通过国家开发银行，重点支持国家急需产品项目以股权等方式在合作区投资。

（7）创新国家“援外资金”，设立“境外经济合作区”基金，长期支持合作区建设和发展。

三、建立海外经济合作区的体制设计

合作区管理体制设计应按照“国家立法，

我国开发区税收政策综合参考表 表1

<table>
<tr><th colspan="2" rowspan="2">政策内容</th><th rowspan="2">全国性规定</th><th rowspan="2">其中经济特区</th><th colspan="4">国家级开发区</th><th rowspan="2">开放城市和地区（含沿海、沿江、内陆、边境）及其省级经济开发区</th></tr>
<tr><th>经济技术开发区及其中出口加工区</th><th>高新技术产业开发区</th><th>保税区</th><th>边境经济合作区</th></tr>
<tr><td rowspan="6">企业所得税税率</td><td>生产性企业</td><td>30%</td><td>15%</td><td>15%</td><td>15%</td><td>15%</td><td>24%</td><td>24%</td></tr>
<tr><td>非生产性企业</td><td>30%</td><td>15%</td><td>30%</td><td>30%</td><td>30%</td><td>30%</td><td>30%</td></tr>
<tr><td>①知识密集、技术密集型项目及技术研发中心，外商投资回收时期长的项目</td><td>30%</td><td>15%</td><td>15%</td><td>15%</td><td>15%</td><td>(15%)（见说明）</td><td>15%（含中西部地区国家鼓励类产业的内、外资项目）</td></tr>
<tr><td>②产品出口企业，按规定减免税期满后，当年出口值占总产值70%以上</td><td>15%</td><td>10%</td><td>10%</td><td>10%</td><td>10%</td><td>12%</td><td>12%</td></tr>
<tr><td>③金融机构，外商投入运营资金1000万美元以上，经营期10年以上（不含人民币业务）</td><td>30%</td><td>15%</td><td colspan="5">经国务院批准的地区，按15%</td></tr>
<tr><td>④能源、交通、港口项目或国家特批鼓励的项目</td><td colspan="7">15%</td></tr>
<tr><td rowspan="2">关税</td><td>设备进口</td><td colspan="7">①《外商投资产业指导目录》中“全部直接出口”项目，进口设备一律先照章征收进口关税和进口环节增值税，自投产之日起，经核查属全部出口的，分五年返还已缴纳的税款；②对全国各地（含中西部地区）符合《外商投资产业指导目录》鼓励类和限制乙类，并转让技术的外商投资项目，在投资总额内进口的自用设备（包括按项目合同随设备进口的技术及配套件、备件），除《外商投资项目不予免税的进口商品目录》所列商品外免征关税和进口环节增值税</td></tr>
<tr><td>产品出口</td><td colspan="7">除限制出口产品外，免征出口关税；在经济技术开发区内加工增值20%以上的产品，原为应征出口关税的，海关凭有关证明可免征出口关税；出口加工区企业及管理部门从境内购入的生产用设备、原材料、零配件、建筑物资及办公用品，可按规定退税</td></tr>
</table>

政府指导，企业管理”的总体思路进行，并遵循以下原则：

第一，坚持中方对合作区开发建设的主导权，以确保合作区发展与我国鼓励企业对外投资战略的紧密结合。

第二，借鉴我国开发区成功经验，管理体制应体现机构精简、职能清晰、事权统一、制约有效的特点，保证组织运行的高效率。

第三，有效协调所在国各级政府、社区组织关系，增加互信，强化合作，统一各方力量，共同促进合作区的健康发展。

第四，结合中国投资主体内部管理体制的实际，以及对所在国投资的现状，实行“投资主体与园区分离”，以有利于发挥各自优势和合作区管理。

（一）合作区体制架构

合作区管理体制架构考虑了合作区建设初期的特点，紧紧围绕合作区经济建设和发展，实行管理“扁平”,强调精简高效,突出经济职能，其体制架构基本模式如图1所示。

（二）合作区组织与企业

合作区根据体制架构设立必要的组织与企业。

1、两国政府“联席会议”

中国海外经济合作区是两国政府共同推进的产物，两国政府的主管部门应签订“合作区双边协议”，建立两国政府合作区“联席会议”制度，不定期召开会议，决定合作区建设和发展方面的双边合作重大事项。

2、双边合作委员会

合作区双边合作委员会由中方的我国大使馆、投资主体和所在国的经济主管机构组成，委员会下常设合作区行政管理服务中心。双边合作委员会的主要职责包括：

（1）代表双边政府指导、协调、促进合作区开发建设。

（2）推动两国政府和立法机构制定合作区的扶持政策。

（3）对合作区开发过程中出现的重大事项和突发事件进行磋商、协调和处理。

（4）召集双边工作会议，授权合作区行政管理中心和合作区发展总公司行使有关管理权利。

3、合作区行政管理服务中心

合作区行政管理服务中心为合作区双边合作委员会常设工作机构，主要成员由投资主体、合作区发展总公司、所在国政府部门（海关、移民、环评、工商、税务、警察等）组成。“合作区行政管理服务中心”在双边工作委员会领导下，主要负责合作区内行政审批、社会事务和授权执法等方面的行政管理服务，其主要职能有：

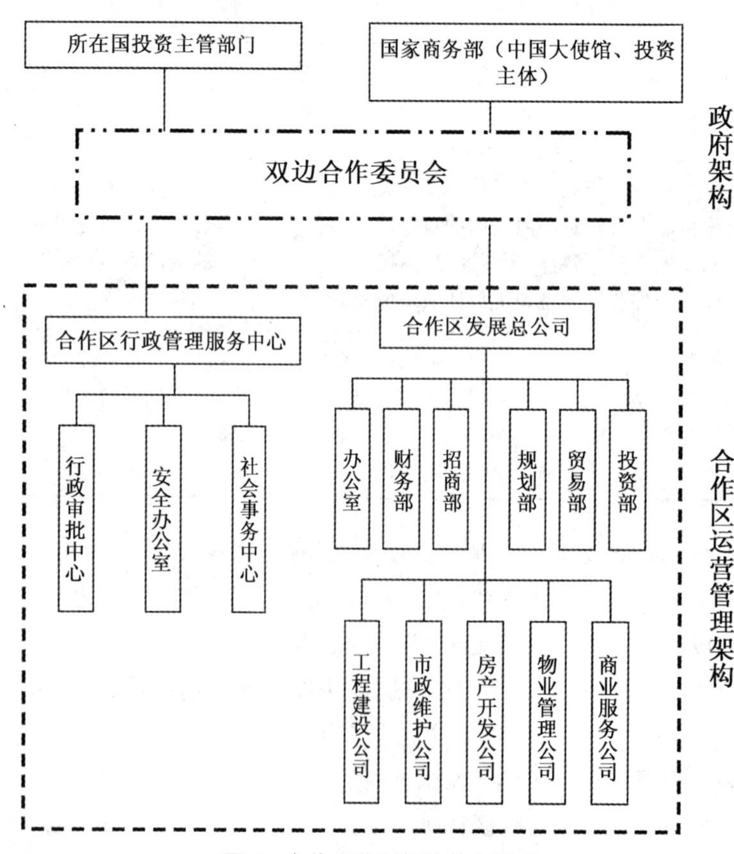

图1 合作区体制架构基本模式

（1）工商注册和企业登记管理。

（2)税务登记和征收管理。

（3）环境保护和合作区建设方面的行政许可管理及违规纠正。

（4）货物进出口报关、结税和动植物检验检疫管理。

（5）劳动关系监督和劳动者权益保护。

（6）安全生产管理，市场秩序管理和企业违法违规处罚纠正。

（7）合作区治安、火警安全管理。

（8）出入境管理，以及各项社会事业管理。

合作区行政管理主体职责，严

格限定在依据相关法律实施行政许可、核准、执法等政府职能范围之内，为保证办事效率，各行政管理职能部门应尽量集中办公，为合作区内企业提供行政审批和管理的“一站式”服务。

4、合作区发展总公司

合作区发展总公司主要职责包括：

（1）作为投资、开发、建设合作区的主体企业，合法获取合作区土地，全面负责合作区规划、建设、运营（服务和管理）。

（2）组织投资、建设合作区基础设施，开展招商引资。

（3）参与合作区管理，承担合作区双边工作委员会授权的各项事权，主持合作区行政管理中心工作，为入区企业提供服务。

（4）投资组建合作区服务性企业，开展工业房地产等经营活动。

（5）作为合作区投融资主体，统筹两国财政支持资金的使用，并接受对资金的监督和审计。

（6）进行对外股权投资。

合作区发展总公司注册地为合作区所在国、所在地。

5、合作区专业服务公司

合作区发展总公司根据有利于经营和服务原则，通过控股投资组建专业服务公司，开展合作区建设和服务业务。

（1）工程建设公司。负责合作区内土地开发，水、电、通讯等基础设施和管网建设。

（2）市政维护公司。负责水、电等基础设施运营、市政道路、管网和绿化维护。

（3）房地产开发公司。负责合作区工业标准厂房和商住房产开发建设，开展合作区房地产经营（租赁、销售）。

（4）物业管理公司。负责合作区相关物业的维护和管理。

（5）商业服务公司。负责餐饮、零售、娱乐等生活服务设施的建设和运营。

专业服务公司的投资决策受发展总公司控制，发展总公司统一管理各专业服务公司资金使用，分别独立财务核算；各专业服务公司在各自的业务范围内，分别按照总公司的计划部署，具体落实各项经营工作和任务。工程建设公司和房产开发公司主要是成本控制，其他公司则是追求收益最大化。

（三）合作区运营模式

根据合作区经营业务范围，合作区发展总公司通过整合、利用、开发合作区业务资源，按照市场经济运作方法，建立“资金大循环”运营模式，使合作区“企业运营”体现优势，使合作区发展总公司实现经营利润，确保我方投资收益。合作区经营基本模式见图2。

“资金大循环”运营模式展示了合作区开展服务经营的业务内容，以及各项业务之间关系，为合作区发展总公司组织经营活动提供了较为完整的企业投资与经营方案。

合作区运营模式分为建设投资、服务产品、服务经营、资金流量等四个层次，按照市场经济规律，其市场主要对象是合作区内企业和员工。在这里需要强调的是，在开展这些经营活动中，要处理、整合好合作区已建项目与合作区发展总公司“园区运营”的管理关系，在实际工作中完善这一经营模式。

四、海外经济合作区招商引资

合作区招商引资为合作区的生命，应集中社会资源优势，面向国内外，积极开展招商引资。

（一）发挥招商优势

合作区开展对外招商应具有以下优势：

（1）产业基础优势。发挥战略投资者的影响力，使合作区聚集一批有实力，有规模企业，形成产业基础，为吸引和带动一大批产业配套企业创造条件。

（2）两国政府支持。我国支持企业“走出去”，从资金和政策各个方面都给予企业重点扶持；所在国支持合作区开发建设和鼓励投资政策，为我国企业投资提供实惠和便利。

（3）市场优势。所在国及周边国家市场短缺，工业配套产品价格较高，为我国企业优势产业提供了很好的市场拓展空间。

（4）综合成本优势。所在国劳动力成本较低，原材料资源丰富，土地价格低，为企业运营降低综合成本。

（5）综合服务优势。合作区投资环境良好，为入区企业提供各项配套服务，帮助企业解决跨国投资的政治、文化难题，降低企业投资风险。

（二）确定招商方向

根据合作区的产业定位和发展目标，将重点选择相关领域上下游企业作为招商重点对象。

（三）建立招商机构

合作区招商引资工作的主体机构是合作区发展总公司，根据跨国招商和行业的特殊情况，发挥国内“人脉关系”和行业“影响力”，合作区发展总公司在国内成立合作区招商（促进）办公室，负责合作区国内推广和招商工作。

1、招商机构职能

合作区招商（促进）机构的主要职能是：

（1）合作区招商推广策略的制定。

（2）收集投资信息，开展招商引资。

（3）引进项目可行性评估。

（4）组织、接待国内企业地考察。

（5）国内相关手续的协助办理和法规咨询等。

（6）开发总公司对外投资项目。

2、招商程序

合作区招商工作主要程序如图3所示。

（四）招商方式

合作区招商工作要开拓思路，创新方式，依靠我国政府主管部门、行业协会、使领馆和中介机构，积极开展多层次的合作区招商引资推介，主要招商方式有：

1、产业关联

以战略投资家投资项目为核心项目，带动行业投资项目，进行资源和市场整合，带动相关企业入区投资。同时，针对市场前景较好、产业附加值较高、区域经济带动性强的目标企业，重点进行跟踪和引进。

2、商务运作

细分招商目标和责任，通

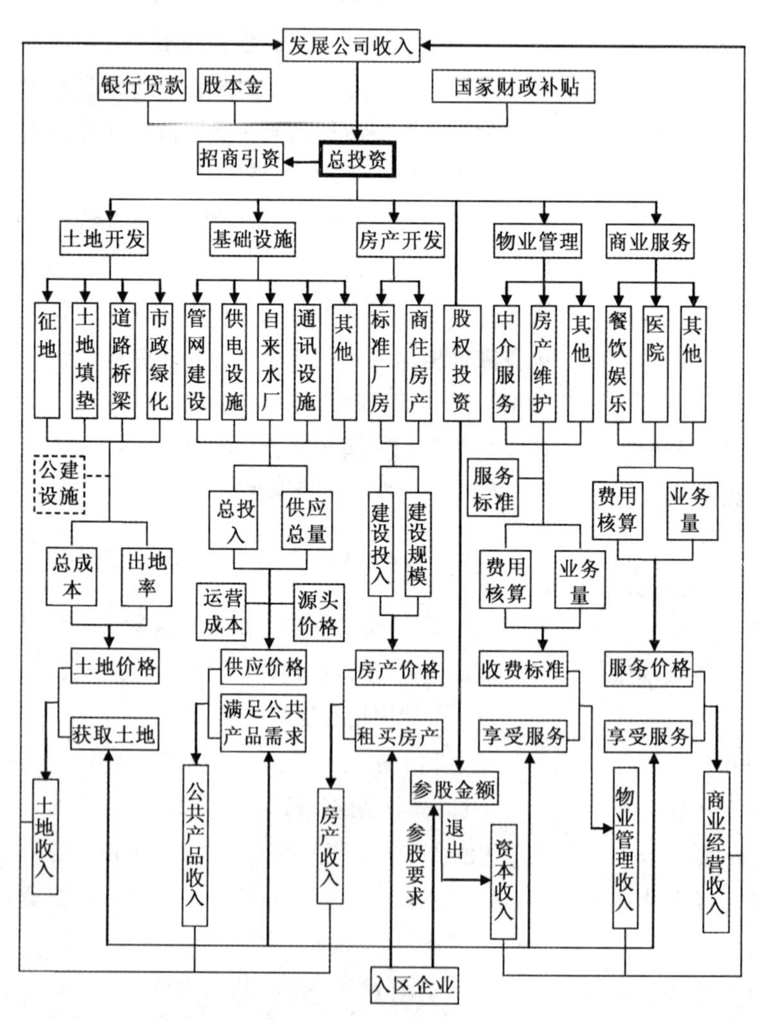

图2　合作区“资金大循环”运营模式示意图

过专业咨询机构和专业招商机构，有针对性地进行合作区推介和招商工作。

3、信息导向

通过发布会、洽谈会、研讨会、广告媒体、宣传报道等多种形式跟踪和影响目标企业。

4、政府推介

充分利用两国政府的导向力，取得双方主管部门、大使馆、商务参赞处等政府机构来协助推动招商工作，增强合作区的知信度，引导中外资企业入驻。

合作区招商引资大致可分为三个阶段：

一是品牌塑造阶段。重点塑造合作区品牌，吸引核心企业入区，带动配套产业，建立合作区形象。

二是产业集聚阶段。重点形成产业集聚。通过龙头企业的“聚集效应”，带动园区产业链的发展。

三是产业升级阶段。加快形成产业规模，完善产业链，提升区内产业水平。

（五）入区企业要求

合作区引进的投资企业应该具备以下主要条件：

（1）具备我国和他国法人资格的生产加工型、服务贸易型企业。

（2）投资产业符合合作区产业规划，并符合所在国产业发展政策。

（3）中资企业在国内具有成熟生产体系，有稳定的投资资金来源。

（4）投资额符合一定标准。

（5）符合合作区环保要求，达到所在国环保标准。

（6）独立承担境外投资风险，独立经营，自负盈亏。

（7）达到合作区工程建设要求，遵守合作区公共制度。

其他具体要求细则结合招商工作实际情况加以明确。

（六）招商配套服务

合作区以服务企业为主要投资环境，为入区企业提供涉及企业投资、生产、运营、发展等全面的、规范的服务，在合作区建设中开发服务产品，建立“软服务”体系。

1、基础设施服务

工业园为入区企业实施以下配套计划：

（1）土地厂房设施

提供多种使用形式的土地、标准厂房，包括土地租赁或入股，租售标准厂房，企业定制厂房等。

（2）市政基础设施

提供给水、污水、电、道路、通信、网络、园区公共交通等基础配套设施。

（3）生活设施

提供交通方便，环境优美的生活设施，建设中国企业员工生活社区，以及园区生活社区，满足中外企业员工的正常生活需求。

（4）商务物流设施

提供合作区商务活动、宾馆、会展，以及仓储、物流、运输等配套设施。

2、入区企业配套服务

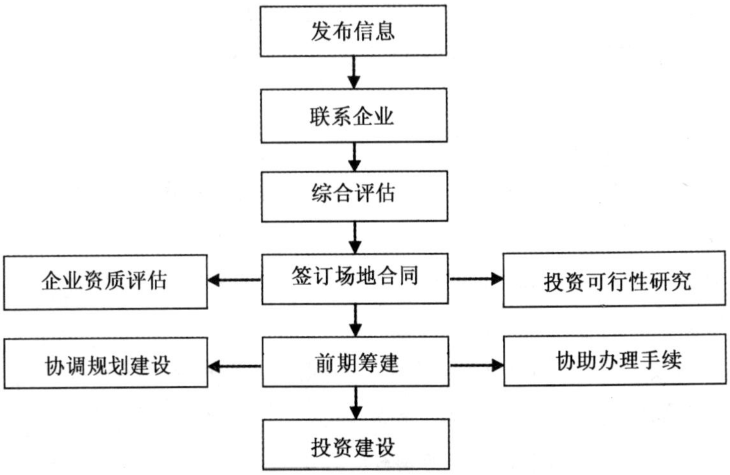

图3 合作区招商工作主要程度

合作区对入区企业实行“一站式”行政服务，为企业解决投资和贸易中的服务需求，主要有：

（1）与所在国政府部门和机构协调中介服务。

（2）中国员工签证服务，当地员工招聘、录用和培训服务。

（3）所在国法律、会计、投资咨询和代理等服务。

（4）工商税收、报关、仓储和运输服务。

（5）协助入区企业申请我国政府扶持资金服务。

（6）入园企业设施的规划设计、建筑工程服务。

（7）受理并协助投资企业办理所有经营证照的申请事宜。

（8）代收合作区企业缴纳的各类税费。

（9）企业需要的其他服务。

五、海外经济合作区相关问题与建议

1、关注国际政治经济变化趋势

海外经济合作区的建设，与单个企业海外投资比较，情况更复杂，影响面更大，更要时刻关注国际政治经济的变化趋势。时刻保持风险意识、忧患意识，做足做好任何条件下的应急预案，把投资风险降到最低。

2、做好基础调研工作

海外经济区的建设，与单个企业海外投资比较，基础调研工作涉及范围更广，千头万绪，更要扎实做好基础调研工作。除上面提到的一些通行的基础调研工作之外，还要根据具体合作区项目做深入细致的调研，特别是针对政治、经济形势不太稳定的国家和地区，深入细致的调研工作尤为重要。

3、完善经济合作区管理体制

海外经济区建设，体制机制尤为重要。在总结我国改革开放经济特区、开发区实践的基础上，设计、构建海外经济区管理体制，既是对我国经济区建设经验的输出，又是对我国企业海外投资的保护，可谓一举多得。

4、依托产业链条，抱团走出去

海外经济区的建设，与单个企业海外投资比较，产业链条的特性尤为重要。一批利益相关的企业，大家互惠互利，组成命运共同体，抱团参与海外经济区建设，不仅成为“走出去”战略新的发展趋势，还派生出很多商机。

5、加大扶持力度

中国海外投资的“走出去”战略，不可避免地面临比国内投资更大的风险。为加快实施“走出去”战略，国家在财政补贴，出口退税，进口税收，金融服务等方面制定并实施配套的优惠政策，以加大扶持力度，鼓励更多企业抱团“走出去”，打造更多知名的跨国企业。

6、顺应时代潮流

中国海外投资，经历企业单打独斗，逐步发展成为海外经济区建设。规模上档次，投资形式也发生根本变化，海外投资由单纯投资建厂，发展成为收购、兼并、参股、置换等多种投资形式。新的投资形式层出不穷，需要我们不断学习、不断研究，顺应时代潮流，加快“走出去”战略的实施步伐。

参考文献

[1] 胡锦涛 . 在中国共产党第十八次代表大会上的报告 . 北京：人民出版社，2012.

[2] 商务部 .2008 年度中国对外直接投资统计公报，2009.

[3] 中国开放地区经济特区年鉴 1994. 北京：改革出版社，1995.

[4] 常健 . 中国对外开放 30 年 . 北京：人民出版社，2010.

有关完善对外劳务合作管理的几点思考

周　密

(商务部研究院跨国经营研究院，北京 100710)

我国对外劳务合作业务发展出现了新的特点，短期劳务数量有所增长，整体对外劳务合作业务面临外部环境的更多不确定性，与发挥我国资源禀赋优势、促进服务贸易模式下的自然人移动发展、实现服务贸易的出口促进存在一定矛盾。

一、我国对外劳务合作管理的发展演变和现状

我国对外劳务合作由对工程项下的成建制派出进行管理起步，经过几十年的发展，已经初步形成了一套较为完整的管理体系，但缺少相对稳定的法律基础，令出多门、制度不健全等仍然在很大程度上影响着对外劳务合作业务的可持续发展。

（一）我国外派劳务的管理制度

目前，与对外劳务合作相关的法律规定较为零散和间接，主要包括《中华人民共和国对外贸易法》、《中华人民共和国公民出入境管理法》、《对外劳务合作资格管理办法》及补充规定、《对外劳务合作备用金暂行办法》、《办理劳务人员出国手续的办法》等，而《对外劳务合作管理暂行办法》则颁布于1993年，已经无法适应新的、发展的国际国内形势需要。《对外劳务合作管理条例》于2004年被列入国务院二类立法规划，2006年被列入一类立法计划，在《国务院2008年立法工作计划》中，就已被列入"需要抓紧研究、待条件成熟时提出的立法项目"，相信该条例将在不久的将来出台。

（二）我国外派劳务的管理部门

外派劳务的管理部门几经和调整。根据国务院法制办《对外劳务合作管理条例（征求意见稿）》的内容，国务院商务、工商行政管理、人力资源社会保障、外交、公安、交通运输以及其他有关部门依照本条例规定，在各自职责范围内负责全国对外劳务合作的服务和管理工作。县级以上地方人民政府依照本条例的规定，负责本行政区域内对外劳务合作的服务和管理工作。

（三）我国外派劳务的管理模式

当前我国对外派劳务的管理主要通过对外劳务合作企业进行，由其与劳务人员订立服务合同，并进行相关培训、统一办理出境及境外居留、工作手续，进行现场管理，及时、妥善处理劳务纠纷和突发事件，并为劳务人员购买境外人身意外伤害保险。国务院建立全国对外劳务合作工作协调机制，由国务院商务主管部门牵头，有关部门以及工会组织参加。县级以上地方人民政府应利用现有人力资源市场的就业服务平台，建立对外劳务合作服务平台。

二、制约我国对外劳务合作业务发展的内外部障碍

我国对外劳务合作业务发展总体上挑战大于机遇，来自外部的宏观环境不稳、市场准入

要求趋严，以及内部的基本法律法规缺失、企业和外派劳务人员素质有待提高等因素都在一定程度上阻碍着我国对外劳务业务的发展。

（一）金融危机造成不稳定的外部环境

2008年中期美国次贷危机引发的全球金融危机爆发以来，国际经济环境发生重大变化，经济衰退导致多国经济发展停滞、企业破产，失业问题愈发严峻。各国政府一方面通过扩张性财政政策，刺激经济发展，另一方面在劳务市场树起壁垒，限制外籍人员进入本国劳务市场。保障本国就业、减少外来劳务对本国劳务市场的冲击，或者出于民族保护主义，不少国家先后出台限制措施，从数量规模和标准要求上大幅提高市场准入门槛，更有甚者对现有国内市场上的外籍劳务人员采取“驱逐”政策，外部劳务就业市场波动性显著增强。金融危机以来，中国境外劳务纠纷事件较往年有所增加，在中国劳务外派输入地的罗马尼亚、乌克兰、俄罗斯、新加坡、蒙古等国均有发生。印度就改变签证条例，以保护本国低技能工人，取缔外来人员避税，实施了外劳驱逐令。

（二）市场秩序有待进一步整顿与规范

尽管随着我国对外劳务合作业务的发展，管理逐渐规范，权责利日益清晰，但仍然存在企业与企业间的恶性竞争、企业对劳务人员的信息隐瞒等不规范的现象。2010年在商务部、公安部、交通运输部、工商总局等7部委及多省市的清理整顿外派劳务市场秩序的专项行动中，就查处了罗马尼亚劳务纠纷案等一批涉案金额超过千万的大要案件。信息不对称导致的用工效率低下和风险增加等问题时有发生，给我国劳务合作业务的发展和国际形象都造成了不利影响，也不利于劳务人员对这项业务的认同感。对外劳务合作业务市场的秩序受企业规模不大、数量较多等因素影响，还未形成良好的市场秩序，仍然有待进一步改善。

（三）基本法规缺失影响业务管理效力

由于《对外劳务合作管理条例》仍未出台，原有的管理规定在外部环境发生变化后出现一些不适应的情况。相关管理部门多依据管理经验进行决断，基本法规的缺失在很大程度上影响了业务管理的有效性和稳定性。在出现问题的时候，各部门间职能的划分不清又往往使得问题的处理难度增加，甚至出现无人过问的情况。由于中央政府层面的法律法规缺失，地方的管理规定的制订也缺乏依据，也在很大程度上影响了我国对外劳务合作业务发展的地方协调。由于缺少基本的法律法规依据，各项对外劳务合作的合理性难以统一。例如，对日研修生制度在初期增加我对日劳务输出后遭遇继续发展的阻碍。一些日本老板滥用研修生制度，使得超过90%的研修生按照日本法律受到了不公平待遇，研修生维权的意识越来越强烈，原有对外劳务合作模式急需进一步调整、完善。

（四）企业水平和人员素质仍有待提高

中国的对外劳务合作企业目前仍然存在大而不强的问题。依托传统优势领域的对外劳务合作业务，主要得益于较为低价的劳动力和丰富的劳动力资源。对外劳务合作企业派出人员后，基本上能够获得较为丰厚的收益。然而，在变幻莫测的国际经济环境中，各国对外籍劳务的要求日益增加，风险日益突出，来自其他发展中国家的劳动力的竞争日趋激烈，若仍然按照原有的思维理念和管理模式，对外劳务合作业务将难以维系。劳务人员的素质也是制约业务发展的瓶颈之一，目前我国的对外劳务合作人员仍未能满足用工市场、特别是发达经济体劳务市场的要求。不能充分满足对于语言的要求、对专业技能水平的要求、对环境适应能力的要求都会在很大程度上影响业务的发展。

三、我国对外劳务合作管理的改进建议

面对国际国内纷繁芜杂的环境，加强外派

劳务的业务管理，完善相关法律法规和管理条例，整顿市场发展秩序，着力开拓新兴市场，加强外派企业管理，提升劳务人员素质，是改进劳务外派效率、降低相关风险的重要保障。

（一）尽快出台《对外劳务合作管理条例》

为了使得我国对外劳务合作业务的发展有据可依，应尽快出台《对外劳务合作管理条例》。虽然自然人移动的服务贸易形式在WTO的规定中较为局限，各成员方主要承诺对高级商务人员和公司内部管理人员的市场开放，但我国仍然会尽力争取符合我产业利益的市场，因而相关的法律法规既要能够反映我国的利益诉求，又要符合国际规则。经过几十次的调整和修订，现有的《对外劳务合作管理条例（征求意见稿）》已经基本符合当前的国际国内发展形势，能够为对外劳务合作业务的发展提供支撑。该条例的出台，不仅有利于界清国务院各主管部门的权责关系，更能够为中央与地方政府权责划分、地方出台相应管理规定提供规范性的文本依据。由于对外劳务合作涉及企业和人员等多方面因素，且影响面有不断扩大的趋势，长期来看对外劳务合作应制订相应的法律，以保障对外劳务人员的基本权利。

（二）大力开展对外劳务合作市场秩序整顿

保障对外劳务合作业务的发展，需要对市场主体的行为进行规范。整顿市场秩序，形成市场良性发展的机制。市场秩序必须根据管理法律法规的要求进行管理。相关职能部门需要通力协作，建立信息传导机制，疏通信息传导渠道，避免监管缺位和监管空白。政府部门对劳务市场的管理，要长期规范性管理和短期专项性行动相结合。在已有的确定的规则上，各部门需要承担各自义务，实现管理的覆盖面和流程的科学性。在企业行为约束上，既要延续保证金制度、强化企业的自我约束力，又要充分开展培训宣传、实施奖惩制度。要完善对外劳务合作企业的市场准入和退出机制，促进优胜劣汰，培育行业龙头企业并提高其品牌知名度。各省的对外劳务合作业务也应与其自身的资源禀赋相结合，加强引导和服务作用，发挥优势，有针对性地培育向特定地区、从事特定行业的对外劳务合作企业和人员。

（三）积极开拓新兴行业地区劳务合作市场

传统的中东国家市场曾是我国对外劳务合作的主要市场。随着中东地区外籍劳务的大量涌入和金融危机对这一地区经济带来的负面影响的增强，中东的劳务市场逐渐出现竞争过度的现象。充分利用我国签署的自由贸易区协定、区域或次区域的经贸合作协定，以及各类双边协定或安排所创造的有利形势，开拓新兴的行业或地区是我国对外劳务合作业务保持发展的发动机。从行业领域上，除了建筑、海员、护士、简单机械操作等传统优势行业领域，我国对外劳务合作企业还应积极探索、勇于开拓，尤其是与中国传统文化相关的领域，如中医中药、中文教育、中文导游、中餐厨师等领域，以形成新的、更有力的业务增长点。

（四）加强外派劳务人员素质培养和技能提升

提高外派劳务人员自身的技能是其能否顺利完成雇佣合同的重要条件。除了为满足雇主和工作需要，具备必要的外语对话和交流能力外，还应加强对于特殊地区语言能力的培养。例如，对日研修生需要掌握一些日常日语，这不仅有利于劳务人员在日的生活，也对工作协调和配合有利。特殊设备或机械操作等一些需要专门培训的工种，应加强上岗前的专业培训，使我国外派劳务熟悉机器设备的操作使用，降低安全生产事故的发生率。派出前，对外劳务合作企业还需通过培训，增加劳务人员对东道国相关风俗习惯等知识的掌握，培养劳务人员尊重当地风俗习惯的理念，为和谐相处提供必要条件。总的来讲，入乡随俗，全面提高外派劳务人员的素质，对于外派劳务合同的圆满完成有着十分重要的作用。

我国矿石企业“走出去”对策分析

陶相彤　刘颁颁

（对外经贸大学国际经贸学院，北京 100029）

一、我国矿石企业对外投资现状

近年来，我国许多矿石企业纷纷加快海外投资的步伐，积极“走出去”，与国外资源类企业展开合作与联盟。1987 年，中国冶金进出口公司与澳大利亚哈默斯利铁矿有限公司合资开发的恰那铁矿项目便是中国首个海外矿山投资项目。1992 年，首都钢铁公司斥资购买了秘鲁铁矿公司 98.48% 的股份。2004 年，宝钢集团与巴西淡水河谷公司签约合资建厂。2005 年，紫金矿业先后在加拿大、俄罗斯、塔吉克斯坦等国家收购当地矿业项目。2006 年，中国国际信托太平洋公司投资 4.15 亿美元将两个澳大利亚铁矿石工程收入囊中。2009 年，中国五矿集团宣布收购澳大利亚资源公司 OZ Minerals，以确保铜矿及锌矿的供应，中国铝业也与力拓公司达成注资协议……

随着我国经济的逐步崛起，钢铁工业迅速发展，矿石资源的供应短缺问题日益严重。铁、锰、铬、铜等资源的严重短缺，导致我国矿石业后备资源的储备不足。所以，“走出去”已成为中国矿石企业的必然选择。随着针对国内企业“走出去”的扶持政策先后出台，国际投资环境也在磨合中日益改善，我国矿石企业海外投资的规模正不断加大、速度也不断增快，而日后这条“走出去”之路还会更加平坦。

二、我国矿石企业“走出去”面临的挑战

迄今为止，虽然我们已经在“走出去”方面取得一些成绩，但我国国内的矿石企业相比于国际间的矿业公司，在竞争力上仍显薄弱。我国矿石企业对外投资所面临的大局势仍是严峻的，个别的成功案例并不具有整体的市场代表性，机遇总与挑战并存。矿石企业若想真正“走出去”，那么仍有许多问题亟待解决。

（一）矿石投资本身要求资金多、风险大、回收周期长

现代矿石企业从投资勘探开始就需要巨额资金支持。据麦肯锡的统计数据显示，在澳大利亚勘探金矿需 1700 万美元，而购买一个铜矿平均需要 2 亿美元。另外，一个资源矿从勘探、投资到回收资金获利，平均要用 10~15 年的时间。可见回收周期是十分漫长的，期间企业所面临的风险更是巨大的。矿石投资本身的诸多特点就决定了矿石业的海外投资不是一条简单易走的道路。

（二）来自跨国公司的激烈竞争

很早以前，西方发达国家便从自身利益出发，展开全球资源战略。许多跨国公司通过长

期合约、战略联盟、购置与资产重组等方式，大大加强其对各种矿石资源的有效控制，在矿石投资领域建立起垄断竞争优势。在全球50强矿业公司排行榜上，前25名中有19家都来自包括美、加、澳、英在内的发达国家。全球3大铁矿巨头控制了约70%的铁矿贸易；前6位的铜矿生产企业占据了全球产铜量的半壁江山，而其中任何一家公司的矿山产铜量都超过了中国矿山产铜量的总和。与之相比，我国的矿石企业在参与国际竞争时，明显处于“规模小、产量少、竞争力不足”的劣势地位。

（三）中国威胁论的消极影响

早在新中国成立前期，一些西方国家便对我国进行“经济封锁、政治孤立”。改革开放后，我国经济快速增长，国际地位日益提高，“中国威胁论”也再次随之而出。一些国家将“中国威胁论”当作惯用政治说辞，对我国企业的正常海外投资进行限制干预，连年增加投资壁垒。一些政客以环境保护、国家安全等为由，刻意把国有企业与政治和政府联系起来，添加苛刻的限制条件，并对我国能源和矿产资源领域的境外勘察、开发活动进行更加严格的监督与审批，甚至公开进行政府调查。这些限制政策导致了更多更频繁的经济摩擦，也在很大程度上阻碍了我国矿石企业“走出去”对外投资、国际合作的进程。

（四）中小企业的盲目投资、无序竞争

自加入WTO以来，我国矿石企业对外投资浪潮高涨，参与境外投资活动的企业数量达到了空前程度。然而许多企业在从事矿业跨国投资时，贪图项目数量而非质量，在尚未对当地的地质环境以及政治、法律、经济、文化等方面进行投资环境评估时，就盲目跟风投资。成本预算测算的不完善、风险评估及预防体系的缺失也导致了企业更大的风险与损失。另外，“走出去”的企业生产规模不等、性质多样、技术水平参差不齐，在产业链中所处的位置也不尽相同。而各投资企业大多缺乏协调沟通，不能实现优势互补与相互合作，在对海外矿产资源开发的过程中造成了相互压价、挤缩利润的恶性无序竞争。

以上种种皆是我国矿石企业在“走出去”的道路上急需改进的方面，只有解决了这些问题，我国矿石业企业才能更加稳妥、更有效率地进行对外投资。针对这些问题，我们经过分析与讨论，为中国矿石企业“走出去”提出一些对策建议。

三、我国矿石企业“走出去”的对策建议

（一）政府层面

1、建立海外风险勘探开发基金

针对矿石跨境投资等高风险项目，政府建立海外风险勘探开发基金具有很强的激励效果。在基金体制下，政府可按不同比例，以不同形式对“走出去”的企业进行财政补贴，同时配以严格的制度管理资金的分配与使用，以确保基金的运行。德国政府分别在1969~1989年、1971~1990年间设立了两种风险勘查基金，资助石油以及矿石企业跨国投资的风险勘查，补贴率由50%~80%不等。对于成功的开采项目，企业需要偿还贷款，而项目失败则可不用偿还。这一举措大大减轻了跨国投资企业的资金负担，分散了海外投资的巨大风险，鼓励了矿石企业跨国投资的积极性，亦保证了本国矿产资源的稳定供应。

2、给予特殊优惠税收政策

现今世界主要国家针对耗资及风险都较大的矿石勘探给予的税收政策主要分为三种：耗竭补贴制度、海外勘查支出成本制度，以及二者兼具。耗竭补贴即政府从每年的纳税额中扣除一部分用于补贴新矿勘探，现在美、法等国家使用较多。海外勘查支出成本制度的使用范围比起耗竭补贴更为广泛，这种制度是在计算

公司所得税时直接扣除勘查的资金。而综合借鉴两种制度优点的第三种制度更为完善。例如现今的日本就在使用这种制度，对海外勘探矿石企业给予很大程度的政府支持，并在前两种优惠税收政策的基础上发展出了海外勘探准备金制度、海外新矿床勘探费的特别扣除制度，以及海外投资等的亏损准备金制度等等。而与此同时，这些制度也在相关的所得税税法中有所体现及限制，为其税收优惠提供了一套良好完善的保障体系。日本的成功范例启示我们，对于投资额较大的矿石勘探，政府给予的一定税收优惠，不仅可以为企业提供勘探开发的资金保障，也可为矿石投资的后续工作打下良好的基础。

3、建立和完善矿业股本市场

资金在矿石业海外投资中的重要性不言而喻，而要求这部分资金全部由政府补给就现状来讲是不现实的。然而政府可帮助企业提供筹资的平台和渠道：建设矿业股本市场就是十分有效的途径。将股民手中的闲散资金集中，用于矿石业企业的对外投资，既能促进矿石企业的发展，又可减小政府的筹资压力。在矿业股本市场的实例当中，如今发展最好的当属英国。其于1877年建立的伦敦金属交易所，是现今世界最大的矿产品终端市场，而伦敦股票交易所最初成立的目的便是为矿石企业对外投资筹集资金。虽然现在伦敦股票交易所已发展为全方位的股票证券交易中心，但其在国际矿业资本市场上的地位仍不容小觑。对于我国来说，政府的大部分资金主要用于基础建设，无暇顾及民营矿石企业，而民营矿石企业因资金缺乏问题又多无法“走出去”经营。在这种情况下，建设完善矿业股本市场，让有实力的矿石企业通过IPO简易融资，到海外开展新的矿石业务，未尝不是一个可尝试的途径。

4、建立专门机构协助信息服务，勘察投资环境

建立专门的信息服务协助机构，不仅可以完善矿业资源信息系统，以国家角度开展跨国地质调查，也可为矿石企业的对外投资提供最新的价格信息和促进服务，并为投资企业补充驻在国的宏观经济、市场供求、法律框架等相关知识，从而成为矿石企业的引导者与坚实后盾。诸如1963年，日本政府设立了一个以面向海外矿业投资企业为主的服务机构——日本金属矿业事业团，集合专家学者对世界矿业形势进行分析研究、对各地矿产品价格进行长期监测、对各国矿业投资环境进行分析勘察，并设分支机构对当地的日本矿石投资企业进行详细的帮助服务等等。在政府资源发展战略的指导下，这一服务机构积极发挥作用，逐步引导日本矿石企业由海外勘察开采、合资建厂向股权投资、购买矿山等方向发展。我们也可参考这一方式，借助专业服务信息机构的贡献，满足矿石企业跨境投资的多种信息需求，成功投资，从而完成对国内矿石生产的稳定供应。

5、完善海外投资法律体系

迄今为止，我国相关的矿业海外投资法律及政策多是以限制为主。矿石企业尤其是民企，若想“走出去”，就必须在本国花费大量的时间和费用通过纷繁复杂的申请审批等各种程序。这往往会导致矿石企业错失跨国投资的良机，且无法经营成功。所以，完善我国的海外投资法律体系，让其可以简单化、程序化、规范化，为国企和民企提供均等的机会，让它们进行积极的海外投资业务，是我们需要重视的。放眼全球，韩国便是一个在法律建设方面取得不错成绩的国家。自1977年颁布《海外矿产资源调查事业规定》之后，韩国又先后颁布了《海外资源开发事业法》、《海外矿产资源开发基金的运用、管理规定》等大大小小十几部法律。其国内的浦项钢铁公司、LG商社、三星物产等企业之所以能在烟煤、铜、石材等多种领域成功取得海外他国的开采股份，正是因为有了完善的法律法规的指引。显然，这一举措也值得我们借鉴。

6、利用友好外交手段，开展资源外交

矿石作为消耗品，其总量是有限的，各个国家也因地理状况不同而拥有不同的矿石资源。这就要求各国政府放眼全球，以整体性的眼光来发展本国的矿石行业。美国作为超级大国，在其矿业发展中有机地结合利用了全球矿业资源，并全球化地发展了本国的矿业公司集团。二战后，美国积极与法、意、日、英等国订立互惠条款，承认各国的公海采矿权。而20世纪90年代出台的北美自由贸易协定，更是确保了美国的矿石基础供应，使其矿石企业有能力向更远的海外扩张业务。

放眼中国的众多外交伙伴，哈萨克斯坦便是可以与我们开展资源外交的好伙伴之一。哈萨克斯坦拥有丰富的矿产资源，诸如铅、锌、铜等。相对于其他独联体而言，哈萨克斯坦拥有稳定、清晰、透明、符合国际通行规则的矿业法；外汇自由开放度较高，矿业税收制度也相对合理。哈萨克斯坦还修改了外国投资法，向海外投资者提供优惠政策等等。而中哈两国人民友好交往，在多种投资与贸易事务中加强了合作与沟通。因此我国可利用这一有利条件积极与哈萨克斯坦以及其他友好国家开展资源外交，在矿业领域展开更深远更稳固的协作，为中国矿石企业"走出去"开拓更广阔的天地。

（二）企业层面

1、充分利用多种渠道融资

鉴于矿石业海外投资资金额大、回收期长的特殊性，以及我国跨国投资的矿石企业多存在融资时间紧、融资额度大、可供担保财产少的特点，充分利用多种渠道融资成为了矿石企业"走出去"的必要准备工作。除了利用企业内部生产经营过程中形成的资本积累和增值，矿石企业还可以在国内、境外谋求上市，亦或是通过买壳上市融资。另外，借助投资银行融资、国内外机构授信贷款、金融租赁融资、补偿贸易融资、员工和个人社会基金融资等等都是能为矿石企业"走出去"提供资金支持的融资渠道。只要利用好这些融资渠道，矿石企业在境外的投资、勘察、开发、生产便可无"后顾之忧"。

2、采用低成本运营模式

对进口矿石的需求在不断增加，而世界各矿石巨头的垄断也还在继续。在这样的情况下，无法左右矿产品价格的中国矿石企业要想在激烈的跨国竞争中站稳脚跟，就必须最大限度地缩减成本。在研究海外投资的一系列成本费用结构后，进行有效的成本优化。紫金矿业集团有限公司是以黄金及基本金属矿产资源勘查和开发为主的高效益型国际矿业集团。1982年以来，紫金矿业探索出诸如"高陡帮开采方式"等采选工艺，大大降低了矿石的开采成本；1999年，紫金矿业开始实施工程外包模式，不仅节约了管理费与人工成本，还减轻了大型设备的折旧负担；另外，紫金矿业积极与第三方物流（海运、公路、铁路运输企业）合作，建立长期的战略合作关系，大大降低运输、交易成本和堆储成本。也正是这一系列的低成本运营模式，提高了紫金矿业跨国经营的长期竞争力，使其在"走出去"之路上越走越稳，越走越远。

3、多元化海外投资模式

矿石业海外投资有多种方式，例如独资勘察、产品分成协议、服务合同、购并、长期合约、现货贸易等等。在"走出去"时，企业应注意以各种方式并举，采取灵活多样的经营策略，从而实施全球矿产投资战略。南非的矿业集团在海外投资时主要使用两种方式：海外独资勘察和兼并国外已知矿业公司，在扩大本国企业业务范围的同时，也加强了本国企业在全球的竞争力和知名度。我国矿石企业也应启用适应自身的投资模式，例如并购国外矿山资源、获取采矿权、与当地矿业公司、开采运输公司制定长期合约等等。通过多元化投资，提高自身竞争力，然后再向国际市场进发。

4、加大技术创新投人，吸引培养高端人才

技术创新与技术型人才的培养是提高企业劳动生产率与核心竞争力的根本途径。只有改善目前我国矿石企业开采机械化装备水平低、采选设备和工艺落后、技术开发与生产效率低的局面，才能让我国的矿石企业在海外投资与生产中占有一席之地。矿石企业作为海外投资的主体，必须建立科研团队，引进高新技术人才，并注重对企业自身团队复合型人才的培训，积极鼓励派出人员进入其他优秀跨国公司学习。对一些有条件的国有大型矿业集团，要组建自己的研发和技术创新中心，有针对性地开展技术创造和开采研究项目。中国中钢集团公司近年来大力开展科研创新工作，所属研究院拥有多项自主知识产权，多个国家级研究中心、硕士学位授予机构和博士生培养点。高技术型的生产模式也使中钢集团不论在国内还是国外的投资生产中都具有不可替代的竞争优势。

5、锻炼谈判技巧以及企业自律

矿石企业在"走出去"时，会面临诸多谈判与协商回合，这不仅关系到融资的成功，而且也关系到投资的成败。然而许多矿石企业正是由于缺少谈判技巧和经验方法,导致在谈判中费时、费钱、费力，结果却不尽如人意。所以，锻炼谈判技巧成为了矿石企业"走出去"所需的必备技能。在谈判前要制订详细明细的计划书、了解对方企业的诉求与行事习惯、掌握必要的谈判技巧、充分准备谈判所需的相应设备和辅助工具，在整个谈判中维持专业化的企业形象、保持主动性但又要求同存异、营造良好的谈判氛围等等。只有在各种谈判回合中谋得成功，矿石企业的跨国投资才能顺利地进行下去。

另外，企业自律也是矿石企业想要"走出去"所必须具备的。在跨国投资合作中保持信息的必要公开透明、诚实守信；在各类合约以及中介活动前根据成本与利润的预算，合理对他方要价、收取费用；对诸如地质工程师、矿业权评估师、律师及其他技术服务人员按照当地国家制度规定的标准收、支费用；无论在国内还是国外，企业的生产经营活动都要合法合规，遵守当地制度的管理与约束。这些都是矿石企业想要提升长久国际竞争力的必要品质。

五、结语

为进一步贯彻落实党中央领导"走出去"的战略精神，推动我国全球资源战略的实施，我们应充分认识到我国矿石企业对外投资的必要性和紧迫性。明确投资目标国、完善本国相关法律系统、提供资金支持及优惠政策、建立配套服务部门，都可为我国即将"走出去"的矿石企业铺一条好路。矿石企业也应加强自身建设，减成本、提质量、灵活贯彻多元化投资模式，从而更好、更稳健地在"走出去"道路中获得长久收益，亦努力为国家与人民创造更大价值。

参考文献

[1] 国土资源部信息中心."走出去"开发利用国外矿产资源[M].北京：中国大地出版社,2001.

[2] 胡硕.矿业企业融资与上市方略[M].北京：中国时代经济出版社,2010.

[3] 林家彬等.中国矿产资源管理报告.第一卷[C].北京：社会科学文献出版社,2011.

[4] 叶卉，张忠义，应海松.铁矿石资源的战略研究[M].北京：冶金工业出版社,2009.

[5] 王正立等.中亚五国矿业投资环境分析[M].北京：中国大地出版社,2005.

[6] 崔斌.直挂云帆济沧海：资源融资战略分析[M].北京：商务印书馆,2010.

[7] 刘慧芳.我国矿产资源供给保障研究[M].北京：经济科学出版社,2010.

[8] 王学评.资源环境约束下的矿业竞争力研究[M].北京：地质出版社,2010.

坚持科学发展观 探索企业区域化发展

张俊华

（中建海峡建设发展有限公司，福州 350003）

摘　要：党的十八大报告中指出，“面向未来，深入贯彻落实科学发展观，对坚持和发展中国特色社会主义具有重大现实意义和深远历史意义，必须把科学发展观贯彻到我国现代化建设全过程、体现到党的建设各方面”。科学发展观，为我们坚定不移地推进企业改革发展，进一步把企业做强做大指明了方向。近年来，中建海峡建设发展有限公司以企业改革发展为契机，坚持以科学发展观为指导，深刻理解科学发展观的深刻内涵，解放思想、实事求是、与时俱进、求真务实，贯彻落实中建股份有限公司“专业化、区域化、标准化、信息化和国际化”五化战略，特别是对区域化进行了探索实践，在各级班子中达成了发展的共识，促进了中建海峡的健康发展。

关键词：科学发展观；可持续发展；创新

中建海峡建设发展有限公司（以下简称中建海峡）是按照中建股份新“五化”策略，以原中建七局三公司、厦门中建东北设计院为主体，中建股份会同系统内三局、四局、东北院和上海院增资重组，联合打造的“中国建筑”新型区域化实体运营公司。

中建海峡承载着区域内快速做强做大做优，保持海峡区域“央企一流、行业排头”高端形象，争做行业转型升级和创新发展引领者的重要任务。

一、贯彻落实科学发展观，坚持把发展放在第一位的要义

科学发展观的第一要义是发展。离开发展，就无所谓发展观。就我们企业来说，坚持科学发展观，其根本着眼点是要用新的发展思路实现企业又好又快发展。发展是硬道理，这是我们必须始终坚持的重要战略思想。

站在发展面前，面对变化复杂和竞争激烈的市场，中建海峡人时刻充满紧迫感和责任意识，班子成员居安思危，居危思进，把全部工作的重心放在促进公司又好又快发展上，把所有的力量凝聚到加快发展上来，把所有的资源集中到加快发展上来，把所有工作的着力点落实到加快发展上来。公司班子围绕明确而特定的目标导向，突出差异化战略和聚焦战略路径构建，发挥体制新优势，激活重组新能量，高起点、快起步，努力突破传统束缚和资源瓶颈，

在转方式中加快发展模式创新，在调结构中加快企业转型升级，力争成为中建股份“区域化”新型模式的示范者和倡导者。

中建海峡综合考虑中建股份的要求、公司内外部环境的变化、市场机遇与挑战，在发展思路中将围绕目标实现及路径设计，着重于探索转型升级、创新蓝海、示范引领。

一是转型升级。注重“品质保障、价值创造”，在产业链上进行转型升级。即从低端产品向高端产品升级，从单纯供应建筑产品，向提供产品完整解决方案发展，从单纯制造向制造和服务并进发展以及产业链的延伸和专业延展，妥善处理好公司核心主营业务、延伸扩展业务和新兴业务之间的衔接和互动，推进企业向高附加值领域发展。坚持先行先试、科学发展，在发展方式上进行转型升级。推动公司由低成本竞争向差异化竞争发展，由规模扩张向综合效益发展，尽快形成以城市综合建设、建筑承包、房地产开发及创新业务为一体的“3+1”中建业务发展新模式。

二是创新蓝海。坚持商业模式创新变革，开辟竞争蓝海。当今的竞争不只是停留在产品、资本层面的比拼，更在于商业模式的升级换代。通过对客户价值、企业资源能力和赢利方式构筑的三维立体商业模式的研发创新，创造新的需求匹配甚至引导方式，突破传统市场上的激烈拼杀，构建全新利润池。坚持新兴产业创新探索，拓展蓝海空间。实践商业模式、管理模式、资本模式“三式协同”策略，基于产融结合不断探索差异化路径甚至中建“第三产业”，通过战略合作获得各级地方政府与央企优先合作的商业机会，整合资本资源，服务高端市场，减少同质化竞争。

三是示范引领。聚焦海峡区域市场，争做中国建筑“区域化”经营示范引领。摒弃跨区布局、多点作战经营方式，只在海峡市场深耕细作，充分利用股东资源，为区域内中建单位提供前端服务的同时，进一步打造自身核心平台优势，变“群雄逐鹿”为“旗舰带动”，争创中建股份区域化运营新范例。发挥“四位一体”优势，争做海峡区域城建运营示范引领。强化产业联动、协同发展，充分发挥规划设计、地产开发、基础设施建设、房屋建筑工程施工“四位一体”的建城全产业链独特优势，推进公司实现从建筑商到与投资商、运营商“三商合一”的转变，在融入海峡区域城市建设的同时，带动和引领建筑行业发展的新方向，真正体现“央企一流、行业排头”。

二、贯彻落实科学发展观，深刻把握全面协调发展的理念

在发展理念上，公司班子解放思想、实事求是，坚持开发以城市综合建设、建筑承包、房地产开发及创新业务为一体的“3+1”中建业务发展新模式。

一是在城市综合建设上。深度融入海西经济圈建设，研究城市建设运营新理念，设计城市综合建设新模式，匹配和引导城市建设发展需求，重点推介央企、全产业链、生态环保等“中国建筑”核心优势，通过城市综合建设业务快速拉动中建海峡发展，拓宽收入的来源渠道，带动和引导基础设施投资和房地产等传统业务板块的快速发展。

二是在建筑承包上。首先，设计业务，坚持一年整合、两年打造、三年成型，逐步把设计院打造成区域领先、行业一流、技术专业化、业务多元化、服务全程化的大型工程设计咨询企业。到“十二五”末努力进入福建省建筑设计市场前三名，塑造成为海西经济区的行业领先品牌。积极拓展市政、规划、景观等非传统领域，以规划设计为龙头，提高自主营销能力，并带动施工总承包向工程总承包转型。第二，在房屋建筑业务上。将坚持以承接政府投资项目、战略合作客户项目，大型公共建筑、大型

工业项目、城市综合体以及超高层建筑为主导，集中企业资源，占领高端市场，营业收入以每年30%以上的速度增长。第三，在基础设施与投资业务上。寻求投资方式和营销品牌建设上的突破。在投资上，紧跟国家政策导向，依托资本性投入拉动生产性增长。

三是在房地产开发业务上。将主要通过三种途径获取：一是通过定向开发和合作开发等方式获取土地。二是通过融资建造业务联动和城市综合建设等方式带动来获取土地。三是通过市场竞争的方式获取土地。

三、贯彻落实科学发展观，必须深刻理解可持续发展是最终目的

企业可持续发展，是指企业在追求自我生存和永续发展的过程中，既要考虑企业经营目标的实现和提高企业市场地位，又要保持企业在已领先的竞争领域和未来扩张的经营环境中始终保持持续的盈利增长和能力的提高，保证企业在相当长的时间内长盛不衰。企业的发展是当前每个企业向竞争社会及环境的挑战。它面临的是整个企业在经营管理方式、人力资源的利用、自然资源的利用及对环境的影响、质量意识、企业文化等综合效用的最佳搭配。只有在这些方面都发挥它们的积极作用，才可能使企业达到可持续发展的要求。因此，一个企业要得到不断发展，必须创新发展方向，这样才能在竞争中立于不败之地，取得最佳、最长远的利益。

中建海峡一直致力于探索持续发展。“十二五”期间，中建海峡将以主业作为核心竞争力，对相关业务进行多元化探索，努力将自身在融资能力、建设经验、科技研发等方面的优势有机结合，积极探索产融结合的高端运营模式和建筑产业化的新型建造模式，营造差异化竞争优势，拓展第三主业。

一是坚持产融结合。“十二五”期间，公司将致力于推进产融结合，探索金融业务板块的打造，通过结构性融资、产业链融资、表外融资带动产业发展，实现银企的深层次融合，构建多元发展、多极支撑的融资体系，为公司商业模式的转型、升级和创新提供充足的资金资源。

二是坚持住宅产业化。响应国家对建筑业“节能低碳”、“绿色环保”和“可持续发展”的要求，依照“政策引导、标准先行、联合研发、社会协同”的思路，致力于推动海峡区域建筑工业化进程，成为海峡区域住宅产业化的示范引领企业。

三是坚持发展台湾业务。作为中建股份在海峡西岸的区域总部公司，发挥福建区位优势，按照先行先试的原则，通过技术文化交流和基础设施投资等形式积极与台湾地区官方与民间展开交流、合作，把台湾作为中建海峡“1+2”的重点市场之一，培育新的经济增长点，成为率先进入台湾地区开拓业务的首批建筑地产类央企。

四、贯彻落实科学发展观，坚持以人为本是发展核心

员工是推动公司科学发展的主体，是最宝贵的资源，也是公司不断创新、追求卓越最具有决定性、最活跃的因素。落实科学发展观的核心，最根本的就是要坚持以人为本。没有优秀的员工队伍，就没有优秀的企业。要把握未来竞争主动，必须全面加强人才队伍建设，重视维护员工合法权益，帮助培养员工能力、提升素质，激励员工加快发展的信心和行动，让员工共享企业发展的成果。

中建海峡将通过广大员工大力宣传企业形象、履行社会责任、参与行业评价、参加公益活动、积极参政议政等多种途径，培育“名人”、“名企”效应，在充分展现“中建海峡”原有优势的基础上，努力构筑和发挥城建央企品牌、

行业领军品牌、区域大企业品牌优势，不断彰显中建海峡的中国建筑区域总部优势、“四位一体”综合产业链优势，不断扩大中建海峡在福建区域的品牌美誉度和政府口碑，提升企业品牌形象。

一是巩固企业品牌形象，提升社会认知度。大力宣传中建海峡“一最两引领”战略愿景，明确企业发展战略目标，增强全体员工的认同感和使命感，全面调动集体合力。同时，在海西经济开发区核心市场及台湾市场，通过建设优质产品、宣扬企业文化、开展同行评议等途径，扩展企业在社会的良好口碑。笃守“诚信 创新 超越 共赢”的企业精神，通过实际行动在“四位一体”的建设中赢得合作伙伴、业主、消费者的信赖，逐渐成长为海峡区域的模范企业。

二是实施差异化品牌战略，提升企业市场竞争力。以企业的战略模式为纲，在巩固公司传统优质品牌的基础上，实施具有创新前沿意识的差异化品牌战略，重点体现企业的区域化运营模式、城市综合建设、低碳环保节约概念、走蓝海发展可持续道路等。

三是加强品牌建设与管理，提升企业美誉度。进一步推进中国建筑CI视觉识别系统，全方位推进CI战略、推动项目文明施工和企业管理升级，特别是尽快做好中建海峡在CI覆盖上的更名、宣传，充分展示中建海峡的品牌形象和企业实力。同时，建立健全应急事件预警及危机公关处理机制，加强与地方媒体机构的及时对接，统一对外宣传口径，控制负面新闻影响，及时发布正面消息，维护企业品牌形象，扩大中建海峡的话语权和影响力。

五、贯彻落实科学发展观，坚持统筹兼顾是重要方法

统筹兼顾，就是要把发展看作是全面的、协调的、可持续的过程，用辩证的、历史的和实践的观点把握发展。经济社会系统各个基本要素之间是彼此联系、相互制约的统一体。人类社会的发展，是人与人、人与社会、人与自然以及社会各个因素、各个领域、各个方面普遍联系、相互影响的关系。坚持统筹兼顾，既要总揽全局、统筹规划，又要抓住牵动全局的主要工作和事关群众利益的突出问题，着力推进，重点突破。

一是坚持以中建信条为指导思想。以《中建信条》为引领，以中建七局《共赢宣言》为指导，在提炼中建七局三公司特有文化的基础上，融入中建三局、四局、东北院、上海院等优秀文化基因，并紧密结合“爱国爱乡、海纳百川、乐善好施、敢拼会赢”的福建精神，逐步建立起具有中建海峡特色的企业文化体系。借助企业文化咨询公司，2015年前提炼出中建海峡的核心理念、企业使命、基本理念、操作理念以及员工行为规范，形成《企业文化手册》、《企业文化故事集》两个成果。

二是以党建工作支撑统筹发展的保障措施。紧紧围绕中建海峡发展战略和重点任务，坚持“融入中心，服务大局，坚持创新，促进发展”的工作方针，深入探索现代企业中发挥党组织政治核心作用的途径和方法，全力推进党的先进性建设，改进党组织的活动内容和方式、拓展工作领域、丰富工作内容、树立良好形象，为实现中建海峡科学发展提供强有力的政治、思想和组织保证。

第一，发挥好党组织的政治核心作用。坚持“双向进入、交叉任职”的领导体制，完善企业党组织参与重大问题决策的机制、规则和程序，建立并完善“三重一大”决策事先通报、会议记录、结果反馈等制度，将党组织的政治核心作用贯穿于决策、执行、监督全过程。全面推进“四好”领导班子创建活动，加强领导班子思想作风建设，通过提高培训质量、完善学习制度、健全挂职交流机制、推进中心组学习规范化等，切实增强领导班子的综合实力。

坚持党管干部的原则，建立健全适合公司特点的领导人员选拔任用、考核激励、过程监督等机制；坚持正确的用人导向，提高选人用人工作的公信度，并通过全方位实施“人才强企”战略，破解企业规模扩张与人力资源短缺之间矛盾。

第二，增强基层党组织的凝聚力和战斗力。通过优化组织设置、扩大组织覆盖、创新活动方式，积极推进项目党支部建设，在符合条件的项目上100%建立项目党支部，并积极培养一批适应企业发展的复合型党务工作者。深入开展创先争优活动，建立创先争优活动长效机制，以“央企一流、行业排头”为目标，将创先争优与转变作风、提高效率相结合，与提高素质、推动创新相结合，在推进企业科学发展、加强改进党的建设实践中建功立业。完善建设学习型党组织的相关制度，有计划、针对性地组织广大党员开展各种形式的学习教育活动，不断提高广大党员的综合素质，助推学习型企业建设。加强党员队伍管理，坚持标准、严格程序，广泛吸纳优秀员工进入党员队伍，并建立健全教育、管理、服务党员的长效机制，把党员培养成为推动企业科学发展的中坚力量。

第三，改进和加强思想政治工作。创新思想政治工作方式方法，组织开展内容丰富、形式多样的群众性文化体育活动，满足职工精神文化需求，拓宽与职工交流沟通渠道，及时有效疏导职工情绪，缓解职工压力，把解决职工的思想问题同解决实际问题有机结合起来，引导职工认清形势、支持改革、参与发展，身心愉悦地为企业作贡献。关注关心关爱困难职工群体、农民工，不断增强企业的凝聚力和向心力，发挥思想政治工作研究会的作用，积极探索提高思想政治工作科学化水平的有效途径。加强舆论引导和新闻宣传工作，提高公司的市场影响力和品牌美誉度，加强企业通讯员队伍建设，强化报纸、网络等宣传阵地建设，加强与地方主流媒体的联系合作，提高正面宣传效果。

第四，加强反腐倡廉建设。注重党风廉政思想教育，突出关口前移，增强宣传教育的有效性和针对性，把反腐倡廉教育纳入干部教育培训规划，将反腐倡廉理论作为中心组学习的重要内容，夯实拒腐防变的思想道德底线。推进反腐倡廉制度创新，严格执行党风廉政建设责任制，加强领导干部廉洁自律和严格管理，强化权力运行制约和监督，加大查办违纪违法案件工作力度。大力弘扬党的光荣传统和优良作风，谦虚谨慎，不骄不躁，艰苦奋斗，勤俭节约，真抓实干，以优良党风凝聚党心民心，形成推进公司和谐稳健发展的强大力量。

面对新的发展形势，公司将以深入学习实践科学发展观活动为契机，进一步解放思想，转变观念，抢抓机遇，充分依托中建总公司进入世界500强的东风，与海西建设的大潮，进一步推动海峡西岸和中建股份的战略合作，举全公司之力努力推进结构转型，实现公司跨越式发展目标。

经过努力，在短短的四个多月时间内，通过中建海峡各系统的运作，公司的区域化发展受到了福建省政府高层领导和中国建筑股份有限公司高层领导的充分肯定和高度赞扬。中建海峡的“区域化”探索在科学发展观的指导下，在中建股份的“五化”战略指引下取得了一定成绩，必将引领我们取得更大的发展。

中建二局拓展海外业务的思考与对策

孙占军

（中国建筑第二工程局有限公司，北京 100054）

摘　要：在欧债危机及全球经济放缓而带来的诸多不确定因素影响下，我们这个与经济形势联系十二分紧密的建筑、地产行业亦面临着市场下行的压力。十八大的召开更加坚定了我们改革开放的决心，中建二局提出要大力拓展海外业务。笔者从历史发展轨迹到目前遇到的困境，在多方调研和深度思考的基础上，提出“五大”发展方针和“四项”基本对策，从创新经营模式、提升市场营销水平、强化各项管理、加强人力资源优化等方面着力做大做强海外业务。

关键词：海外业务；市场营销；团队建设；人力资源

在欧债危机及全球经济放缓而带来的诸多不确定因素影响下，我们这个与经济形势联系紧密的建筑、地产行业亦面临着市场下行的压力。从2010年一季度中国的GDP增长率11.9%一路下滑到2012年三季度的7.3%。

十八大胜利闭幕后，民间听到最多的两句话是“收入倍增”和“美丽中国”。十八大的精神实质也有两句话，一句是“既不能走封闭僵化的老路，也不能走改旗换帜的邪路，只能走中国特色的社会主义道路”，另一句话就是“解放思想、改革开放、凝聚力量、攻坚克难，全面建成小康社会”。

面对新的国内外形势，如何拓展新的经济增长点已成为摆在我们面前的一个严峻课题。早在2011年，中建股份“十二五”战略规划就提出了“一最两跨”的战略目标，也就是说中建总公司要发展成为最具国际竞争力的建筑地产企业集团，全球经营跨入世界500强，海外经营跨入国际承包商前十名。“一最”是永恒的主题，2012年中建公司已成功跨入世界500强，位列100，并且股份公司在规模上业已成为国际承包商第一名，但从利润上来看，法国的万喜、布依格以及西班牙的ACS 、德国的霍克蒂夫、瑞典的斯堪雅、美国的福陆这些老牌的“世界级”承包商，仍是我们强劲的对手，任重道远。但党的十八大的召开更坚定了我们改革开放的决心。作为股份公司的二级机构，中建二局提出了要大力拓展海外业务，争做“走出去”的排头兵。

一、中建二局海外业务发展历程回顾

中建二局海外业务的发展经历了起步、成长、发展和突破四个阶段。

起步阶段：20世纪80年代，中建二局首次走出国门，随总公司以劳务输出形式先后参与了约旦、伊拉克等中东市场的项目实施。此阶段海外业务主要是劳务分包形式，责任较小，收益有保证。当时国家刚刚开始改革开放不久，国外收入水平较国内水平超出较大，出国工作对于国内人员有着较大的吸引力。

成长阶段：20世纪90年代初，局海外业务以具体项目为契机，在总公司的带领下开始了真正意义上的国家建筑施工承包阶段，拓展了博茨瓦纳和越南两个市场。此阶段局海外业务主要以低端市场为主，项目实施中管理层基本都是中方管理人员，作业层以使用中国劳务工人为主，当地劳务为辅。

发展阶段：进入2000年之后，局海外业务进入了全面发展阶段，从“公司化”进程到项目管理模式，开始步入了正轨。在此阶段，局成立了阿尔及利亚经理部，总公司将博茨瓦纳委托二局经营，越南形成了一个组织协调单位——中建二局越南经理部、三个经营实体（中建越南代表处、中建东南亚有限公司、中华太平洋建设咨询公司）的经营机构格局。

突破阶段：2007年至今，我局确定了“1+3+3”发展战略，将海外业务列入我局重点发展的业务板块，谋求海外业务的更大发展。数据显示，局海外业务年营业收入由2006年的10.61亿元人民币提高到2010年的17亿元。年度净利润由2006年的1436万元提高到2010年的3413万元，三个海外机构中方管理技术人员数量由2006年的176人增加到目前的350多人，聘用外籍管理人员400多人，同时，通过带领局属子公司“走出去”，中建保华公司、安装公司、土木公司以各种模式参与海外市场经营，进一步加强了局海外业务的管理技术力量。

二、海外业务存在的问题

2011年二局海外业务出现困境，截至2011年12月31日，局海外业务完成新签合同额17亿元，完成局预算指标的59%。营业收入12亿元，完成局下达预算指标的65%。净利润1713万元，完成局下达预算指标的30%。原因是多方面的，国际经济形势的影响之外，市场营销和人力资源瓶颈成为当前困扰的主要问题。

1、市场营销问题

局海外业务三个主要市场目前仍主要以传统单一施工承包模式为主，抵御风险能力弱。越南分公司近年来的主要业务范围为房屋建筑和基础设施类。随着南海局势的紧张和越南本地建筑公司实力的提升，低端房建市场我方已经不具有较强的竞争力。另外，越南的基础设施类项目的运作模式正在发生变化，具体体现为项目投融资功能由单一财政部国际融资转变为国际融资，高速路项目越来越倾向于以BOT及PPP等模式来建设运营。博茨瓦纳市场，由于受其总量规模限制，建筑市场发包量仍将维持相对较小的局面。同时，大量中资建筑公司的涌入以及当地中国民营建筑企业的无序竞争局面仍在继续。同时，周边国家地区市场的开拓也一直进展较缓。

2、人力资源问题

局海外三个机构目前都面临着人力资源不足的问题，具体表现主要为人力资源专业结构和年龄结构不够合理。专业结构上，目前海外机构以建筑工程管理专业人员为主，建筑类、机电类、工程造价类人员偏少，尤其是具备国际工程项目经理素质的人才稀少；年龄结构上，“青黄不接”情况较普遍。

三、拓展海外业务的对策

根据2011年12月股份公司召开的“走出去”座谈会以及股份公司2012年度工作会议精神，结合股份公司“大海外”事业平台建设以及我局海外业务的实际情况，现就如何运用股份公司“大海外”事业平台推进海外事业的发展，尽快做大做强我局海外业务，提出以下对策：

（一）统一思想、提高认识、明确目标、坚定信心

1、明确奋斗目标

2012年年初，在我局2012年度海外工作上，我们明确了将争做中建股份工程局“走出去”排头兵作为我局海外业务今后的奋斗目标。同时，我们明确了将海外业务的市场营销工作作为我局目前海外业务的第一要务予以推进落实。

2、确定发展思路

围绕争做中建股份工程局“走出去”排头兵的海外业务奋斗目标，我们确定了局海外业务发展的五大方针：

（1）树立“大海外”的观念

我们提出局的海外业务要树立“大海外”观念。我局目前的海外业务模式是以已有的海外机构（局直营模式）为主，国内分子公司参与海外业务为辅。但目前我局国内分子公司参与海外业务的力度仍有欠缺。因此，我们提出局的海外业务一定要树立“大海外”观念，并配套相关的激励政策，切实加大“走出去”的力度，尽快做大海外市场规模。

（2）实施“大区域”的经营

目前，我们计划重点做好我局现有的两大海外区域。一是以越南为核心向周边辐射，建立包括越南、老挝、缅甸、柬埔寨等在内的东南亚经营区域；二是以博茨瓦纳为核心向周边辐射，建立包括博茨瓦纳、南非、纳米比亚、津巴布韦在内的南部非洲经营区域。我们目前将以这两个区域为重点，通过经营战略向的纵深推进，覆盖东南亚和南部非洲，以实现海外业务更大的经营规模。

同时，根据我局目前海外业务的经营布局，我们考虑将中国周边国家（韩国、朝鲜、哈萨克斯坦及泰国）作为下一步新的经营区域。

（3）采用“大投入”的方法

我们将进一步加大对海外业务的资源投入，将充分利用海外好的机会和好的项目，加大对海外的投入。同时，我们将打造一套有效合理的激励机制（《海外市场营销奖励办法》及《局属（国内）公司海外系数考核方案》等），把人才资源吸引出去。

（4）坚持“大项目”的策略

海外业务要坚持“大项目”策略，并坚决在海外市场的经营中贯彻下去。

（5）实现“大发展”的目标

今后我们坚持将“树立大海外的观念、实施大区域的经营、采用大投入的方法、坚持大项目的策略”四条落实到实处，以此谋求我局海外业务“大发展”的必然的结果。

（二）下一步主要工作设想

1、创新经营模式

按照海外业务大发展的要求，充分发掘和发挥自身的优势，按照“海外业务市场营销国内外一体化，海外项目实施与资源组织一体化，管理、工艺技术国内外一体化、人力资源国内外一体化”的思路，创新海外业务的发展方式，重新构建海外业务的经营模式和组织架构。

我们的设想是：建立以总部实体为核心，做实、做强、做大海外直营业务；以局属子（分）公司为辅助，根据其专业特点，承接海外特色优势项目。

鉴于局海外业务目前发展的实际情况，本着有利于加快发展速度、有利于提高发展效率的原则，具体的发展路径是：

（1）建立实体机构

按照实体公司的模式，构建一个功能齐全的实体机构（国际工程公司或者国际工程事业部），为促进海外事业的发展打造一个强有力的平台。其职能定位是：

①负责局整体海外业务的战略管理工作；

②负责局海外直营机构的日常管理工作；

③直接负责海外业务的国内市场营销工作；指导和帮助海外市场的市场营销工作；

④负责为海外项目的实施提供人员、资金、技术、劳务等资源的支持和保障工作；

⑤负责指导帮助海外项目投标报价、商务、结算等项工作；

⑥负责海外回来人员的安置工作；

⑦负责国内项目的实施工作；

⑧负责为局属子（分）公司“走出去”提供服务工作；

局原有海外机构职能做相应调整：

①在局实体机构的领导下，做强做大所在国市场并辐射周边市场；

②在局实体机构的领导下，负责当地市场工程项目的跟踪与承接。

③在局实体机构的领导下，负责当地市场工程项目的具体策划与实施；

④为在当地承接实施项目的局子（分）公司提供服务；

局出台配套政策和措施，重点考核该实体机构海外业务的经营成效。

（2）鼓励局子（分）公司走出去

将发展海外业务的要求加入到局属子（分）公司的考核指标体系，局相应出台针对性强、激励度高的政策，充分调动局属各子（分）公司走出去，参与海外业务的积极性，从而形成千帆竞渡、百花齐放的局面，从而推动局海外业务的尽快发展。

局属子（分）公司根据各自的资源能力和专业特点，承接和实施海外项目，或者受局委托经营部分海外区域市场。

（3）整合海外业务资源

上述模式经过一段时期的运转，局海外业务发展到一定规模，我们海外的市场、管理、资金等资源达到一定水平的时候，对于整个海外市场的优质资源进行一定程度的整合；根据实际情况，对于局实体机构的职能进行一定程度的调整，促进局海外业务的更加健康快速的发展。

2、专注市场营销，提升市场营销的质量与水平

（1）积极参与股份公司“大海外”平台建设

我们非常赞同股份公司“大海外”事业平台的搭建。股份公司通过这个“大平台”，可以更好的引领二级机构共同加快“走出去”步伐；通过以科学合理的海外市场营销网络，搭建起完善的海外营销体系，可以更好地整合系统内资源，形成协同效应。我们将积极参与股份公司“大海外”事业平台的构建，充分利用好这个大平台，以“大海外”平台搭建和运行方案中关于二级机构发展海外的基本原则为指导，加快推进我局海外业务的发展。

①做好信息的报备与共享工作。我们将按照《方案》中关于海外市场项目信息报送制度要求，积极做好项目信息的填报工作。

②积极参与营销中心/国别组的建设。我们考虑将重点参与“国内大客户营销中心”的建设，选派营销人员参与到“国内大客户营销中心”工作。

③参与营销中心/国别工作组的市场开拓。目前阶段，我们将以“海外平台”为主，在“海外平台”的带动下协作开拓市场；条件成熟后，我们将考虑独立经营国别工作组（包括韩国、朝鲜、泰国等国家）。

④参与具体项目的运作、跟踪和实施。我们重点考虑选择以实施项目为主参与“海外平台”开拓经营的项目，既可以采取内部合作方式，也可以采取分包方式。

（2）坚持市场营销国内国外一体化

我们将采取海外业务市场营销工作“两条腿走路”的策略。所谓海外经营的“两条腿”，是指一通过在当地投标报价找项目，二跟着国内的资金走出去。为此，我们将从机构、制度、人员三个方面进行落实。在国内层面，增强总部主管海外的业务部门的配置，在股份公司海外部的指导和引领下，加强对国家政府部门、国家政策性银行及有境外投资业务的国家骨干企业的对接工作，切实做好海外市场营销的国内营销工作；在海外机构层面，继续加强各海外机构的公司化治理结构，明确海外机构领导班子成员的市场营销分工、落实市场营销的奖励机制及强化市场营销部门建设。简而言之，就是通过海外业务市场营销的国内外一体化建设，解决当前海外业务的市场营销问题。

（3）加强团队建设，完善激励机制

加强市场营销团队的建设。建设一支责任心强、业务素质优、能够吃苦、敢打硬仗的市场营销团队。建立完善激励机制，加大激励的力度，对于市场营销工作做出成绩的员工及时兑现奖励；对于作出重大贡献的员工要给予重奖。

加强制度建设，要结合海外工作的实际情况，学习和借鉴局的有关大客户管理的制度和办法，建立、健全和规范适合海外工作的一整套大客户管理的程序和责任制度体系，提高大客户管理的水平和对大客户的服务水平，不断深化大客户服务的效果。

3、强化管理，提升企业的品质和发展质量

今年我局工作主题就是，坚持品质提升，专注品牌建设，为建设最具可持续发展能力的一流强企而努力奋斗。而加强品牌建设，不断提升企业内在品质，对于从事海外业务来讲，更具有突出的意义。

（1）建精品工程，树品牌形象

从事海外建筑业务，与世界列强同场竞技，必须定位于高品质、高端化、品牌化路线，只有这样才能够长期发展，否则如果自身定位不清楚、不明确，势必将会被列强及其本国淘汰出局。因此在海外必须立足于高品质、出精品，要调整思路，适度改善在国内形成的低成本竞争的模式，坚持高起点、高标准、高要求，坚持出精品工程，不断为中建品牌添彩，以此谋求和发展我们在海外建筑市场的优势地位。

（2）推行项目目标责任制，提高项目的盈利能力和履约能力

实行项目目标责任制，是经过几年来实践检验的项目管理最有效的办法。近几年来我局快速发展、项目的整体管理水平及项目的盈利能力和履约能力大幅提升，在很大程度上得益于项目目标责任制的扎实有效的推行。海外的项目要认真学习和借鉴国内项目推行项目目标责任制的成功经验，结合自身的实际情况，探索出一套适合自己的项目目标责任制的模式，不断提高海外项目的履约能力和盈利能力。

4、加强人力资源管理，保持人才队伍的稳定

（1）加强高素质、国际化人才队伍的建设

人才资源是企业的第一资源，是核心资源。拓展海外业务，实现国际化经营，提高企业国际竞争力，离不开一支强有力的国际化人才队伍。我们要从股份公司、局集团海外经营战略的高度，从我们能否在越长期发展的高度，充分认识建设一支既有系统的专业知识、又具备较强跨文化沟通能力，既有国际视野、又懂得国际惯例和商业规则的国际化人才队伍的重要性和紧迫性。我们要着眼于适应新形势、新任务要求，认真学习和借鉴国外跨国公司和国内知名公司国际化人才建设的经验和通行做法，认真总结我们这么多年来在人才队伍建设上的经验和不足，加快推进国际化人才的引进、培养和激励，努力打造一支数量充足、结构合理、素质优良的国际化经营人才队伍。

（2）坚持“三个留人”，保持队伍的稳定

加强对海外工作者的人文关怀，坚持“事业留人、感情留人、待遇留人”的方针，努力保持海外人才队伍的稳定。立足新形势、新任务的要求，要加紧研究、更新和完善海外人才管理办法。关心海外人员成长与发展，制定海外人员职业发展规划；关心海外人员的生活，不断提高海外人员薪酬待遇水平；认真倾听海外人员的诉求，解决他们的后顾之忧，使他们精神舒畅、心无旁骛地工作。通过这些手段和我们扎实细致的工作，千方百计地留住人才，确保我们的海外业务持续稳定地向前发展。

尊重人才　温暖员工

——浅谈市政西北院的人性化管理

李建洋

（中国市政工程西北设计研究院有限公司，兰州 730000）

在《管理的实践》一书中彼得·德鲁克强调：人是有道德感和社会性的动物，必须把工作中的人力当“人”来看待。换句话说，必须重视“人性面”，要设法让工作的设计安排符合人的特质，才能为我所用，人尽其用。对工程勘察设计这种知识与人才密集型的企业，如何对人进行有效的人性化管理，是摆在企业面前最重要的管理难题，下面结合中国市政工程西北设计研究院有限公司（以下简称市政西北院）的具体情况，浅谈在勘察设计企业如何实施人性化管理。

所谓人性化管理，就是一种以围绕人的生活、工作习性展开研究，使管理更贴近人性，从而达到合理、有效地提升人的工作潜能和工作效率的管理方法。至于其具体内容，可以包含很多要素，如对人的尊重，充分的物质激励和精神激励，给人提供各种成长与发展机会，注重企业与个人的双赢战略，制订员工的生涯规划等等。

市政西北院属于智力密集型的企业，即以知识来创造价值的企业，其拥有一大批以知识的创造、利用和增值为主要工作内容的特殊群体——知识型人才，此类员工的主要特点是：大多具有本科以上学历，受过系统的专业教育，掌握一定的专业知识和技能；具有视野开阔，学习能力强，知识面宽等素质；具有较高的需求层次，注重自身的个人成长；热衷于从事具有挑战性、创造性的工作，渴望展现个人才智，实现自我价值；依靠自身的专业知识，善于进行创造性思维，有很高的创造性；倾向于在宽松、自主的环境工作，有很强的自主性，能够自我引导和自我管理；尊重知识，信奉科学；个性突出，不人云亦云，不惧怕权势和权威。

对于市政西北院来说，结合自己员工的特点，如何进行人性化的管理，突出以人为本的管理理念，以吸引并留住此类人才，是一个庞大的系统工程，公司经过多年的研究探索，已经初步在内部建立起完备合理的人力资源管理制度。目前，市政西北院的整体环境发生了巨大变化，人的心态逐步由改制时的恐慌到逐步平稳，员工作为设计院主人的感觉逐步强烈，公司的向心力和凝聚力逐步增强，建成行业一流、国内领先的国际工程公司的目标也逐步推进。

1、塑造良好企业文化，促进员工企业认同

现代企业越来越重视企业文化的建设，它

是企业发展的精神动力，是一种长期的无形的激励力量。企业文化是具有本企业特色的群体意识和行为规范、环境形象、产品服务等，其中蕴含的价值观和企业精神是其核心内容。企业文化的一个重要功能就是激励，它对员工的思想具有重要的导向作用。切实而又广泛认同的企业文化能够增强企业的凝聚力和向心力，激发员工的原动力。市政西北院制定企业文化的宗旨是：员工利益优先，即在党的路线方针指引下，贯彻落实国家的各项政策，遵守项目所在国的法律法规，良好履行各项社会责任，不断提升产品质量和客户服务水平，给股东持续创造财富和价值的基础上，优先关注全体员工的长远利益。其企业文化的核心内容是：

福利员工——以员工整体长远利益为核心；

回报股东——给股东持续创造财富和价值；

服务顾客——向客户提供优质产品和服务；

奉献社会——为社会营造优质空间和环境。

从上面市政西北院的企业文化中可以看出，市政西北院在建成行业一流、国内领先的国际工程公司的诸要素中，人力资源是第一资源，更是核心资源。把关注员工利益放在优先的位置，大大激发全体员工的劳动积极性和科技创造力，追求资源效益最大化，不但符合股东、顾客和社会的整体利益，而且有利于实现各方利益最大化。

2、建立基于人本理念的薪酬体系和福利制度

人本理念的薪酬体系设计是建立以人为本的人性化的、以对员工的参与和潜能开发为目标的薪酬管理体系。与传统管理机制相比，基于人本思想的薪酬管理体系鼓励员工参与和积极贡献。这种薪酬管理体系的实质是将薪酬管理作为企业管理和人力资源开发的一个有机组成部分，目的是通过加大薪酬中的激励成分，换取员工对企业的认同感和敬业精神。市政西北院2008年薪酬体系改革后，员工月工资普遍提高，平均工资由改革之前的1170元提高到2308元。2011年工资调整后，人均工资提高到3136元。工资作为基本生活保障，调整的依据是社会平均收入增长幅度和物价上涨幅度，每三年调整一次。公司更注重的是绩效概念，员工薪酬主要是通过年底奖金的形式体现，这样使市政西北院的薪酬体系有了更加灵活的升降幅度，同时有利于引导员工将注意力从职位晋升或薪酬等级的晋升转移到个人发展和能力的提高方面，给予了绩效优秀者比较大的薪酬上升空间。

另外采用弹性化的福利制度设计。福利是指企业向职工提供共同的物质文化待遇，来达到提高和改善职工生活水平和生活条件、解决职工个人困难，提供生活便利，丰富精神和文化生活的一种社会事业。公司现有福利分为法定福利和企业福利。法定福利主要包括养老保险、医疗保险、工伤保险、生育保险、失业保险、住房公积金、独生子女津贴和夏季饮料费。企业福利包括建设经济适用房、采暖费、补充医保、租房补贴、购房无息贷款、满25年工龄职工住房补贴、注册津贴、健康检查、节日礼金、怀孕女职工放射线补贴、午餐补贴、工龄补贴、交通费、丧葬费、生活补贴、新入员工安家费、带薪休假、探亲假路费、物业费等。总计约20项，人均年福利费2.2万元，总额1685.2万元，占营业额的4.98%。

随着企业发展，公司将为员工提供更高的收入和更完善的福利体系。“十二五”期间，福利体系建设的重点是完善企业年金方案、经济适用房建设，同时增设结婚礼金、退休礼金、旅游度假基金等福利项目。企业年金建立后，员工福利总费用应占到年营业额的10%，工资总额占到年营业额的45%，合计为55%。

3、重视员工培训与能力提升，提供员工成长的空间与发展机会

市政西北院要想建成行业一流、国内领先

的国际工程公司，需要不断创新和技术更新，提高员工的技术水平与综合素质，而这都需要企业重视培训与教育，因此，公司非常重视员工的培训和能力提升措施，使员工有更大的成长空间和发展机会。

（1）员工培训

人力资源是一种可再生资源，培训是人力资源再生的重要手段。通过有计划、有步骤地对员工进行分门别类的培训，开发现有人员潜力，培养出企业发展需要的合格人才和创新人才，是人力资源开发的首要任务。

市政西北院专门设立以培训管理为主要职责的岗位，指定专人策划和培训工作。同时修改和完善了《员工继续教育管理制度》，广泛调查员工的培训需求，制定差异化的、有可操作性的培训计划，按需培训，有的放矢。扩大培训范围，争取达到每人每年至少参加一次培训的目标。通过培训和能力开发，使员工更新知识结构，增强业务技能，以满足公司发展的需求。

根据公司发展工程总承包和创建国际化工程公司的目标，积极开展项目管理和工程总承包知识培训，加强英语培训，提前做好人才储备。

将经营管理人才的培养作为提升竞争力的重要手段。坚持每年举办管理知识培训班，积极派人参加中建党校学习和针对性较强的社会培训，为管理人员提供更多学习深造的机会。

（2）建立员工职业生涯管理体系

建立良好的职业生涯管理体系，引进人才测评，开展职业生涯规划培训，进行恰当的职前引导。通过帮助员工设计、实施职业生涯规划，充分发挥员工的潜能，从人力资本增值的角度达成企业价值最大化，实现企业的可持续发展。

职业生涯规划在员工新入职时开始制定，职称职务晋升时进行评估、调整。已在职员工将根据年龄段和岗位序列，分批分层次制定，并在职称职务晋升时进行评估、调整。

（3）建立高端人才选拔培育机制

培养高端人才，不可能像工厂制造产品一样批量生产，它需要一个反复筛选、长期培养、日积月累的过程。培养高端人才建立了以下几个方面的机制：

① 建立高端人才选拔机制

在经费、项目资源有限的情况下，建立高端人才选拔机制。并要结合公司人才状况，建立合适的选拔方式和体系，采取分级遴选一批骨干专业的骨干人员作为高端人才后备基本人选，在此基础上分层梳理，通过培养、考核、优中选优等手段确定高端人才培养人选。

② 建立高端人才培养机制

重点人才需要重点培养，优秀人才需要在实践中锻炼成长。除了加强培训，通过大项目培养人才是目前最现实、最可行的途径。还要建立依托重点项目、创新项目及科研项目培养高端人才的机制。采取稳定支持、优先委托和滚动支持等措施，切实在项目立项、项目执行、研究方向选择、研究成果推广等环节，鼓励和支持年轻优秀人才脱颖而出，只有如此，才能培养出高端人才，使市政西北院成为人才培养的苗圃。

③ 建立高端人才宣传机制

要摒弃“酒香不怕巷子深”的传统思想，加强对高端人才的宣传工作，扩大高端人才在业界的影响力。在加强高端人才业绩宣传的同时，也要注重宣传高端优秀人才学风严谨、情操高尚、淡泊名利、耐得住寂寞的人格魅力和工作作风。

④ 营造有利于人才成长的环境

高端人才成长离不开尊重知识、淡泊名利、勇于探索、潜心研究的良好环境。要把高端人才成长与管理人才成长放在同样重要甚至更为重要的地位。对于有培养价值的年轻专业技术人才，即使不进入管理层也能享受到进入管理层的待遇，感受到进入管理层的尊重，使登上技术顶峰成为和走上管理岗位一样值得骄傲、一样有成就感和荣誉感的事。

（4）建立员工能力提升机制

以人为本，把不断满足员工的全面需求、促进员工的全面发展，作为发展的根本出发点。围绕着提高员工的综合素质，即提高员工的教育水平、文化品位、精神追求和道德修养，激发和调动人的主动性、积极性、创造性，实现人与企业共同发展的目标，实施一系列管理活动，并逐渐建立以下机制：

激励机制。包括物质激励和精神激励。

压力机制。包括竞争压力和目标责任压力。

约束机制。包括制度规范和伦理道德规范。

保证机制。包括法律保证、社会保障和企业福利保证。

用工机制。包括员工自由选择职业的权利，企业自由选择员工和依法解聘的权利。

环境机制。包括建立和谐、融洽、友善的人际关系和积极进取、宽松、文明的工作环境。

4、管理方式以人为本，缓解员工压力

市政西北院在管理方式上，以人为本，关注员工之间的个体差异，根据个人特点采取机动灵活的管理方式来激发其潜能，如根据个性类型合理使用人员、根据员工个性特点采取不同管理方法、根据个性特点合理设计领导班子的个性结构等，其主要措施是：

（1）工作重新设计，减轻工作负荷

重新设计可以提高员工控制力，以降低忧虑和紧张。首先，通过提高工作决策范围来实现，例如对工作顺序、时间安排及项目人员的选择有更大的决策权；其次加强时间管理，提高工作效率减轻工作负荷。

（2）设置明确目标，减少角色冲突

为员工设置明确的、具有挑战性的工作目标，并且为目标完成的程度提供及时的信息反馈。明确的目标不仅对员工具有激励作用，而且可以使他们清楚了解组织的期望、消除角色冲突，从而降低工作压力。例如：有些项目涉及几个专业，项目部人员可能由几个部门员工组成。项目部员工既要完成本部门的工作，又要完成项目部的工作，就会角色模糊，没有归属感。因此，在员工压力管理中，企业应以项目部管理为主，为员工界定工作范围和内容，消除他们的角色冲突。

（3）加强团队建设，营造组织内支持系统

组织内支持系统可以通过多种途径，如同事或上下级之间的情感关怀和帮助、支持，信息的反馈，授予员工参与决策权等，形成良好的组织氛围，增强员工的归属感和集体感，有助于缓解员工的压力。盖洛普民意测验发现，影响雇员生产率和忠诚度最重要的因素不是薪酬、奖金或工作环境，而是雇员与他们直接上司之间关系的质量。

（4）提高员工的工作满意度以缓解压力

此项工作宜重点关注以下几个方面：勘察设计企业应设计具有前瞻性的人力资源规划，建立科学的员工压力管理、激励与约束制度及合理的薪酬制度，真正体现人性化管理，提高员工的幸福指数，在激烈的市场竞争中立于不败之地。

总之，市政西北院是一个智力型和知识密集型的企业，每一个员工都是企业的形象代表，每一个作品都能体现单位水平的高低。因此，若想建成行业一流、国内领先的国际工程公司，不仅要提高财力、物力方面的竞争力，更要关注企业人才方面的竞争力，这就要求企业大力加强人力资源管理，真正做到了解人才，依靠人才，尊重人才，对人力资源进行优化配置，进一步加强公司员工的人性化管理，有效凝聚公司各个层次技术人员的心力和智慧，使市政西北院的向心力和凝聚力不断增强，共谋发展的潜在动力不断增加，从而实现公司的远期战略目标。

玻璃幕斜屋面施工技术

徐子清　刘文彬

（中国新兴建设开发总公司，北京 100039）

玻璃幕墙是当代的一种新型材料，它赋予建筑的最大特点是将建筑美学、建筑功能、建筑节能和建筑结构等因素有机地统一起来，建筑物从不同角度呈现出不同的色调，随阳光、月色、灯光的变化给人以动态的美，并具有轻巧美观、不易污染、节约能源等优点。在世界各大洲的主要城市均建有宏伟华丽的玻璃幕建筑，如纽约世界贸易中心、芝加哥石油大厦、西尔斯大厦等。香港中国银行大厦、北京长城饭店和上海联谊大厦都有使用。

在沈阳总部基地工程屋面施工中，采用了玻璃幕斜屋面，在继承了其轻巧美观、不易污染、节约能源等优点的同时，本工程利用斜屋面玻璃幕（角度35°）角度的变换巧妙克服了玻璃幕产生的光污染，其施工迅速、便捷，其优良性能给玻璃幕的应用带出了一条新的道路。

1　特点

1.1　施工速度快

玻璃幕斜屋面所用玻璃为提前在工厂加工完成，具备条件后直接拉到现场进行安装，安装时仅需用塔吊或汽车吊进行吊运，斜屋面玻璃幕兼普通屋面的防水层、面层，与普通屋面相比大大加快了施工速度。

1.2　适应多种环境

玻璃幕斜屋面为成型的玻璃在现场组装，基本不受天气影响。

1.3　防水效果好

玻璃幕斜屋面为多块玻璃散拼，对已完成的玻璃缝放入泡沫棒，玻璃两侧贴上美纹纸，注入密封胶，泡沫棒和密封胶为柔性材料，受温度影响小，不易渗漏，且斜屋面漏点明显易查找、易修补。

1.4　美观、耐久

玻璃幕斜屋面安装完毕后整体性好、观感好。玻璃幕斜屋面被污染后，利用蜘蛛人吊钩可以随时清洗。

2　适用范围

适用于各种坡屋面、造型屋面。

3　工艺原理

玻璃幕斜屋面是以方钢为龙骨，玻璃幕作为屋面的防水、装饰面层，具有施工速度快，易清洗、防水效果好等特点。

4　工艺流程及操作要点

4.1　工艺流程

斜屋面玻璃幕施工工艺流程如图1所示。

4.2　操作要点

4.2.1　测量放线

（1）应与主体结构相配合，水平标高逐层从地面引上，以免误差累积。放线时先弹出基准线，从基准线外返一定距离为幕墙平面各主要的轴线、阴阳角、各主要垂直控制线采用经纬仪测放，±0.00m标高、各层标高采用水准

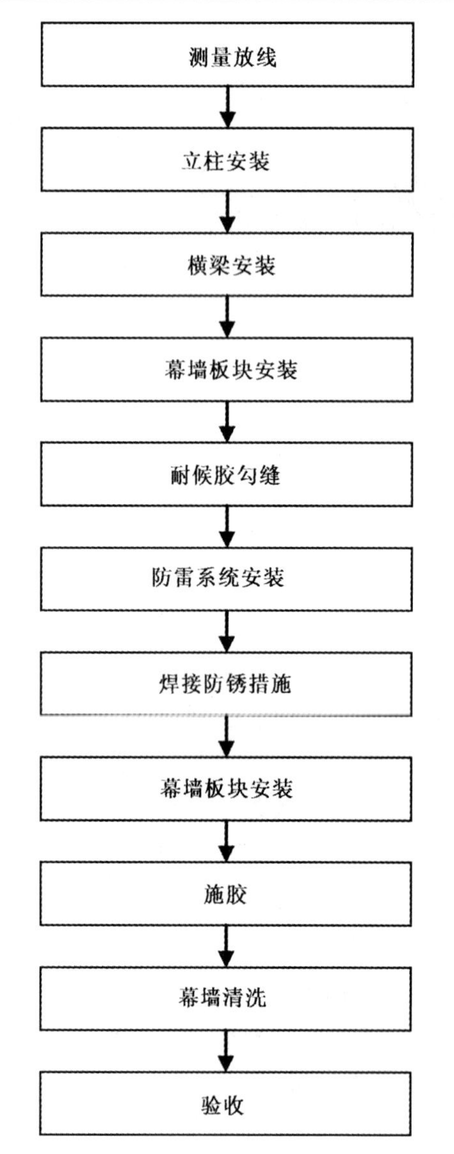

图1 斜屋面玻璃幕施工工艺流程图

仪抄平。

（2）每天应对玻璃幕墙垂直度及立柱的位置进行校核，偏差应严格控制在设计和规范要求范围之内。

（3）测定主龙骨立柱的垂直中心线，同时应测出和核对各层预埋件的中心线与主龙骨中心线是否相对。

（4）测定主龙骨之间位置尺寸。测定横向轴线与各层预埋件连接的紧固铁件外边线是否相对应。

（5）核定主体结构实际总标高是否与设计总标高相符，并将各层标高的测定点标在楼板边缘，以便安装时核对。

（6）核定预埋件的标高和位置后，如有偏差应及时校正。确保幕墙安装的垂直度和位置准确性。

4.2.2 立柱的安装

立柱安装采用2根M12×110膨胀螺栓，将∟50×4角钢埋件固定在结构板上，间距1.2m，立柱再进行龙骨安装。

（1）在立柱安装就位前，应预先装配好以下的连接件：①立柱竖向主龙骨与紧固件之间的连接件；②竖向立柱主龙骨之间接头的钢板内、外套筒连接件。

（2）竖向立柱主龙骨连接，应由下往上安装，常规的安装方法是每两层为一整根立柱，且每层均有紧固件（或凸形铁件）与楼板连接。连接校正垂直后必须固定牢固，确保竖直。

（3）竖向立柱上下两端的连接应对准紧固铁件（或凸形铁件）的螺栓孔，勿拧螺栓。接头处的上下立柱中心线要对正。

（4）连接时应先将立柱主龙骨与连接件连接，然后再将连接件与主体预埋件连接，并应进行调整和固定。立柱安装的标高偏差不应大于3mm，轴线前后偏差不应大于2mm，左右偏差不应大于3mm。

（5）相邻两根立柱安装标高的偏差不大于3mm，同层立柱的最大标高偏差不应大于5mm，相邻两根立柱的距离偏差不应大于2mm。

（6）连接时的焊缝应重新加焊至符合设计要求和施工规范的规定。焊缝处清理检查符合要求之后，涂刷二道防锈涂料。

4.2.3 横梁的安装

（1）安好一层竖向龙骨（竖框）之后可流水作业安装横向龙骨，横向龙骨间距1.2m，竖向龙骨间距1.8m。

（2）安装横向次龙骨的连接件。

（3）安装竖向主龙骨与横向次龙骨之间连接配件，要求安装牢固、接缝严密。

（4）安装前将次龙骨两端留有2mm间隙。

（5）用木支撑将竖向主龙骨撑开，再装入横向次龙骨。

（6）横向龙骨安装后初拧连接件螺栓，然后用水准仪抄平；相邻两根横向龙骨的水平标高偏差不应大于1mm。同层标高偏差：当一幅幕墙宽度小于或等于35m时，不应大于5mm。

（7）当同一层横向龙骨安装完后，应及时进行检查、调整，校正横向龙骨水平后，拧紧螺栓固定牢固。

（8）横向龙骨安装要严格控制其横向间的中心距离及上下垂直度，核对框格尺寸的准确性，以保证玻璃镶嵌合适。

（9）龙骨安装由下向上进行，当安装完一层高度时，应进行检查、调整、校正、固定，使其符合质量要求。

4.2.4 幕墙板块安装

1、吊运

吊装前首先对进场的玻璃按种类、规格(玻璃为最大1.5m×2.0m，钢化6mm镀膜玻璃+0.76PVB+钢化5mm透明全钢化玻璃，根据工程设计需要计算玻璃厚度，竖向龙骨、横向龙骨间距、方钢的型号要随之变换)，楼号、数量、分类核实无误后，放置于各楼座安全且便于运输处。根据现场情况选用汽车吊的吨位，进行玻璃吊装作业。为了便于吊装，并保证玻璃的安全，需制作两个塔吊箱，箱体用钢材焊成约1.3m×2.2m×0.5m的长方体。内补木材或其他韧性材料，避免碰撞划伤。同时，为了便于装玻璃，在2.2m长度方向做一个可开启的门，有两个人在楼下依图纸找出最高处的边角处玻璃，按横向依次装入3～5块玻璃，关好门并用韧性材料填充空隙，通知楼顶作业人员做好准备，指挥吊车进入现场，选择一块平整坚硬的地面架设吊车，确认吊车四脚平稳，指挥吊车起吊，由楼顶作业人员指挥吊车将玻璃慢慢吊至作业面后，一人扶住箱体防止箱体乱动，两人打开侧门，取下一块玻璃，按从上往下的顺序开始安装玻璃。

2、安装玻璃

（1）加工好的带附框的玻璃固定扇板，用铝制压块及不锈钢螺钉对中固定在框格上，固定间距350mm，玻璃之间留16mm胶缝。在安装前要清洁玻璃四边，铝框也要清除污物以保证嵌缝耐候胶可靠粘结。中空玻璃钢化浅绿面在室外。

（2）将加工好的玻璃开启扇用两个ϕ16不锈钢铰链及自攻螺钉（上涂密封胶）固定，并安装两点锁，安装不锈钢限位防风铰链以保证开启扇的稳定及强度。安装要仔细，用3m靠尺和吊锤控制误差，位置调整准确后，用螺栓或自攻螺钉固定。

（3）在不同的施工面上分层安装防火层、保温层及封边板，确保室内外的防火、保温、密封及隔声要求。

（4）清洁胶缝，在玻璃板块与铝框接缝间填入泡沫棒(或条)，铝合金贴保护膜，注满耐候胶，要求胶厚最薄不低于3.5mm，胶缝饱满均匀，平整光滑，并修整、清洁胶缝。

（5）幕墙清洁内外板面，铝合金立柱及横梁揭除保护膜。

（6）安装误差控制

平面度±3mm，竖缝直线度±3mm，横缝直线度±3mm，拼缝宽度±1.5mm。

4.2.5 耐候胶嵌缝

（1）用二甲苯作清洁剂充分清洁板块间缝隙。

（2）缝内应充填泡沫棒。

（3）打胶前应在缝隙两侧贴保护胶纸。

（4）注胶后应将胶缝表面抹平刮胶。

（5）注胶完毕后，将保护胶纸撕掉，必要时可用溶剂擦拭。

（6）注意注胶后养护，在胶未完全固化前不要沾染灰尘和划伤。

4.2.6　防雷系统安装

（1）玻璃幕墙的防雷接地装置严禁与建筑物防雷系统串联，接地电阻应小于 20Ω。

（2）幕墙的防雷接地装置设防应严格遵守设计方案和技术要求。

（3）避雷带，一般应采用暗装避雷网，利用建筑物钢筋与建筑物设防的防雷接地暗装引下线，当利用钢筋混凝土柱子的钢筋作为引下线时，至少要有 4 根柱子，每根柱子至少要有 2 根主筋焊接连接作为引下线，并与幕墙引接一起。

（4）防雷装置各部位的连接点应牢固可靠。钢筋与钢筋的连接应焊接，焊接搭接长度不得小于钢筋直径的 6 倍，并应双面焊接。焊缝不应有夹渣、咬肉、气泡及未焊透现象。焊接处应认真清除洁净后，涂刷樟丹油一遍，二道油性涂料。

（5）幕墙防雷装置的各种铁件均应镀锌，镀锌层要均匀。

（6）幕墙防雷装置的引下线应设断接卡子（暗装时可引到接地电阻测定箱中）。按设计要求把幕墙自身形成的防雷体系与主体结构防雷体系可靠连接（扁钢与预埋件连接）。

4.2.7　焊接、防锈措施

焊接必须严格按规范执行，焊工必须有上岗证，焊缝长度、宽度必须严格按设计要求，所有焊缝和钢结构要做二级防锈处理（二道红丹一道银粉漆），玻璃幕墙中与铝合金接触的螺栓及金属配件应采用不锈钢或轻金属制品。不同金属的接触面应采用垫片进行隔离处理。

4.2.8　施胶

板块间的缝隙要用中性耐候硅酮密封胶封闭，内衬发泡垫杆或橡胶密封条，外用密封胶把缝隙填平。在施胶前，施胶部位用甲苯进行清洗，胶缝两侧贴保护带，施胶应均匀、平直，不允许在施胶部位有漏打、气泡现象。打胶后用圆弧形灰刀将胶缝压刮成弧面后，揭去保护胶带，清除胶迹。大风或雨雪天气禁止打胶。

4.2.9　幕墙的清洗

幕墙施工的最后一道工序即为幕墙清洗，铝材及聚氨酯夹心复合板上面的保护胶带要清除干净，同时清洗被污染的任何幕墙可视件，让幕墙的风格特点充分体现出来。

4.2.10　工程验收

（1）自检：打胶完毕并完全干燥后，方可进行验收，并作淋水试验。

（2）四方验收：检查所用的材料品种、颜色应符合设计和选定的样品要求。

详见图 2 ~ 图 5。

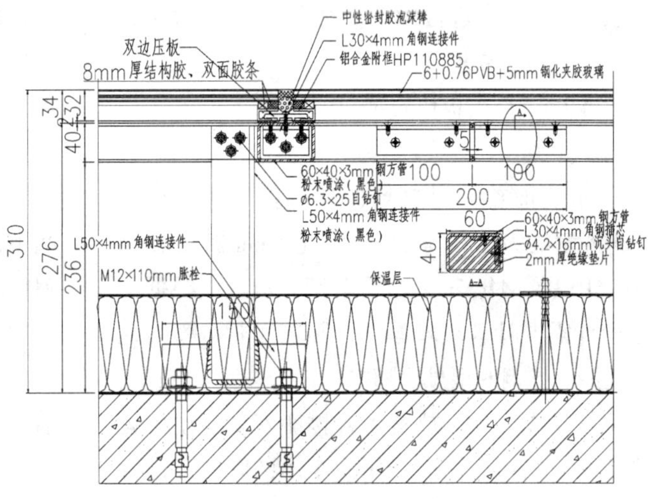

图 2　玻璃横剖节点

5　材料与设备

5.1　机械机具设备计划

5.1.1　垂直吊装及运输设备

提升架、塔吊、汽车吊。

5.1.2　施工生产用设备（表 1）

5.2　使用小型机具管理要求

（1）进场后各种机具必须经检验合格，履行验收手续后方可使用。

（2）应由专门人员使用操作，并负责维

图3　施工前照片

图4　龙骨细部节点

图5　玻璃安装完毕后照片

护保养。

（3）必须建立机具、设备安全操作制度，并将安全操作制度牌挂在机具明显位置处。

（4）机具、设备的安全防护装置必须保持齐全、完好、灵敏有效。

（5）户外设置的机具、设备应有防雨、防砸措施。

（6）机械设备应定期进行检查，并在每日上班前进行普检，保证施工时不会出现故障或安全问题。

6　质量控制

6.1　执行标准（表2）

6.2　质量控制

在质量控制方面，采用“样板引路”方法。项目部进场后，首先学习监理规划要点，同总包、监理共同制定关键工序、关键部位质量控制点。从进场材料样板到成品保护样板，施工全过程中的每一道工序、每一个环节全部实行“样板”制。样板完成后，必须申报监理、设计、总包代表，经联检通过后，再全面展开施工。

6.3　质量检查

施工中各小组、各工种要认真开展检查上道工序，保证本道工序，服务下道工序的“三工序”活动。

加强“三检”制，要牢牢把握施工质量，事前、事中、事后的三阶段控制，保证大面积展开施工与样板施工在质量上的一致性，以质量保进度。

6.4　质量要求

（1）竖向龙骨垂直偏差，3.5m构件长度内偏差不超过3mm；

（2）横向龙骨水平偏差，3.5m检查不超过3mm，总长度（或同层）检查不超过6mm；

（3）平面位置或标高偏差，包括垂直、水平、定位尺寸等偏差，在任何位置的总值不超过9mm；

（4）表面用3m靠尺检查，在任何方向偏差不超过3mm。

7　安全措施

（1）吊运、安装主次龙骨，测量放线，紧固件安装等施工时，在内柱上通长拉两道水平6mm钢丝绳，并同时拉立网。操作人员戴安全帽、系安全带，将安全带系在钢丝绳上。

（2）幕墙施工用电应配专用电缆、配电箱，专人负责。

（3）玻璃安装吸盘机应专人负责操作，当停电时，应及时用手动阀将玻璃放回支架。

施工生产用设备 表1

序号	机械或设备名称	型号规格	数量	国别产地	制造年份	额定功率(kW)	生产能力
1	吊 篮	ALTA-L	5	德国	2000	2	
2	电动葫芦		4	德国	2000		
3	吊 车		1	国产	1999		
4	叉 车		2	国产	2001		
5	3t 链式电动葫芦	G10ASF2	1	德国	2001		
6	1t 手拉葫芦	PHSE	2	国产	2001		
7	手动液压托盘车	CBr	1	国产	2002		
8	电控卷扬机	TRACK X-300	2	德 国	2001	1.5	扬程 150m
9	电动玻璃吸盘	BOLE	6套	日本	2000	1.8	
10	配电箱	HS	20	国产	2002		
11	手电钻	2X705	15	德 国	2002	0.75	
12	台钻	IE24	12	日本	2001		
13	铆钉枪	301	20	国产	2002		
14	射钉枪	老兵牌	22	国产	2002		
15	手持气动胶枪		20	国产	2002		
16	电焊机	BXL-300	6	国产	1998	13	
17	冲击钻	DX1-250A	16	日本	2002	0.325	
18	钢筋探测仪		4	国产	2002		

执行标准 表2

1	《铝合金门窗》	GB8478-2008	国家标准
2	《建筑抗震设计规范》	GB50011 - 2010	国家标准
3	《建筑结构荷载规范》	GB50009-2012	国家标准
4	《玻璃幕墙工程技术规范》	JGJ102-2003	行业标准
5	《玻璃幕墙工程质量检验标准》	JGJ139-2001	行业标准
6	《建筑幕墙气密、水密、抗风性能检测方法》	GB/T15227-2007	国家标准
7	《建筑外门富气密、水密、抗风压性能分级及检测方法》	GB/T7107 - 2002	国家标准
8	《建筑外窗采光性能分级及检测方法》	GB/T11976 - 2002	国家标准

玻璃应擦洗干净，不允许有泥土、污物，使吸盘漏气，发生事故。

（4）所有幕墙操作施工人员应定期进行身体检查，不适宜高空、吊篮等工作的人员禁止从事幕墙施工工作。

（5）成立专职检查组，负责幕墙施工安全检查，重点是电器、机械、钢丝绳、安全带等检查，防止安全事故发生。

8 环保措施

（1）在工程施工中严格遵守国家和地方政府下发的有关环境保护的法律、法规和规章，加强对工程材料、设备、废水、生产生活的控制和治理，遵守有关防火及废弃物处理的规章制度，随时接受相关单位的监督检查。

（2）优先选用先进的环境机械，降低施工噪声，同时尽可能避免夜间施工。

9 效益分析

9.1 社会效益

9.1.1 绿色环保

本工法绿色环保，不会产生大气污染和环境噪声污染，施工现场基本上不产生废弃物，是国家倡导的绿色环保施工。

9.1.2 寿命期长、坚牢永逸

本工法为全玻璃幕屋面易清洗、耐老化，寿命期长、坚牢永逸。

9.2 经济效益

本工法为全玻璃幕屋面，玻璃幕兼顾防水找平层、防水层、防水保护层、防水面层等多道工序，施工时省时、省力，由于漏点仅为玻璃之间的胶缝，施工时易控制、漏点易找，大大减少了返修率。

10 应用实例

（1）东北总部基地西区一期工程，建筑面积为 234570m^2，地上 4 层至 13 层，地下一层，本工程为办公楼楼群，共计 121 栋。本工程屋面全部采用玻璃幕斜屋面（图 6），其中 14 栋楼玻璃幕屋面面积为 400m^2，剩余楼座玻璃幕屋面 160m^2。采用玻璃幕斜屋面后，施工质量与其他材料比较有大幅提高，综合成本较低，受到了业主好评。

图 6 玻璃幕斜屋面效果

（2）根据东北总部基地西区一期工程玻璃幕斜屋面良好的效果，东北总部基地西区二期工程同样采用玻璃幕斜屋面，二期工程其结构形式、装修形式、建筑面积、楼座数量与一期完全相同。

（上接第 11 页）走弱后，在 2013 年很可能会继续低迷，且在未来两年面临再度衰退的风险。这份报告包括三方面的内容：第一，全球经济增长在 2013 年很可能会继续保持低迷，预计 2013 年全球经济将增长 2.4%。第二，全球经济在 2012 年面临的主要不具体因素和风险来自于发达国家，而发达经济体的疲软也是全球经济减速的根源。第三，虽然新兴经济体仍然将是引领全球经济复苏的主要力量，也将继续为全球经济增长做出越来越大的贡献，但是因为外部需求下降的原因，新兴经济体的增长率也将受到拖累，增长都会有不同程度的下降。

从这份报告来看，2013 年全球经济“阴雨密布”，这主要是由三方面原因导致的：首先，是目前美国还在进行的有关财政悬崖的谈判能否取得实质性进展，避免坠入悬崖而拖累全球经济的发展。第二，是欧洲能否有效采取措施避免债务危机的继续恶化。第三，新兴经济体能否采取相关措施来应对外来不定因素对于各自经济所带来的挑战，新兴经济体一方面要避免经济硬着陆，另外也要能保证在保持经济增长速度的同时避免通货膨胀的发生。

《2013 年世界经济形势与展望》除了指出经济衰退的地区和国家，还预测了推动全球经济增长助力器主要是东亚地区的国家，其中中国是重要的一极，中国经济预计在 2013 年将增长 7.9%，在 2014 年增长 8.0%。

综上所述，笔者认为，2012 年下半年中国经济已经开始触底反弹，2013 年由于政府换届动力强劲，全年中国经济增长速度在 8.2%~8.9% 之间的可能性很大；由于十八届三中全会召开，中国的下一轮发展和改革思路明确，2014 年中国经济增长速度有可能达到 9% 以上。

浅析AOP电渗透防渗防潮新技术推广与应用

肖应乐[1]　张　宇[2]　赵俊茗[2]

（1. 大连阿尔滨集团有限公司，大连 116000；

2. 大连德力电渗透防渗堵漏技术有限公司，大连 116001）

摘　要：简要介绍应用于地下构筑物的一种高新防水技术——AOP电渗透防渗防潮系统，它特有的主动性防水原理，使其在技术性能、经济性能等方面比传统材料防水明显提高。

关键词：防渗防潮；新技术；推广应用

地下构筑物防渗防潮技术是建筑结构工程中的重要组成部分，直接影响建筑物整体的使用寿命。虽然地下构筑物渗漏已经成为一种普遍的质量通病，但现在它不再是不治之症，一项采用挪威特莱顿公司（Triton, Norway）原装进口的防渗防潮新技术——AOP（Advance Osmotic Pulse）多脉冲电渗透防渗防潮系统被引入中国，已成功运用于大连港东部地区搬迁改造工程地下综合管廊项目，并彻底解决了地下管廊的渗漏水问题。

1　工作原理

AOP系统它以电渗透脉冲技术为基础，是一种带电液体离子受到外来电场影响下的物理活动。系统分正、负两个电极，正电极嵌于混凝土墙等结构内，负电极是嵌于结构外回填土壤周围。安装在结构内正电极间的低压脉冲直流电压产生电磁场，将结构内水分子电离化并遵循电学原理向结构外定向移动，从而排出水分并阻止水分进入结构内（图1）。

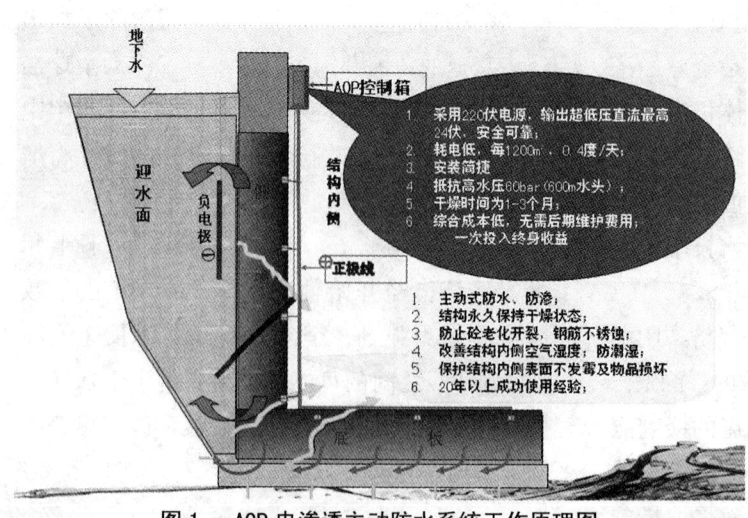

图1　AOP电渗透主动防水系统工作原理图

2　设备组件

AOP多脉冲电渗透防渗防潮系统由以下几部分组成（图2）：AOP系统控制箱、接线箱、正极钛线、负极镀铜棒、导线电缆、线槽。AOP控制箱是系统的关键设备，由它产生的正极低压电脉冲信号使水分子电离化，在电磁场的作用下向负极流动。接线箱是所有电线电缆的汇集处，分正极电缆集线排和负极电缆集线排，中间分别用刀闸式接线端子连接。正极钛线嵌于结构内，负极镀铜棒安装在结构外的接触土壤里。正极钛线、负极镀铜棒分别和接线箱之间用导线电缆连接。

国内、国外部分工程案例　　表1

国内及香港地区工程案例	时间	国外部分工程案例	时间
郑州高压电缆隧道	2007	挪威国家博物馆	1990
香港教育学院	2009	挪威奥斯陆中央火车站	1990
贵州水电站大坝观测房	2009	挪威 Drammen 中央火车站	1991
北京碧水庄园别墅地下室	2009	挪威 Sira Kvina 发电站	1992
云南高速藤蔑山隧道	2009	挪威 Skien 中央火车站	1993
浙江平湖别墅地下室	2010	美陆军地下医院和地下机具室	1994
大连大华御庭别墅地下室	2011	伦敦 Guildhall 博物馆	2005
大连港东部地区地下综合管廊	2011	英国伦敦地铁中央地下通道	2008
武汉钢铁公司进料仓机房	2011	新西兰，教堂市圣佐治医院	2009

3 应用范围

主要应用领域是：混凝土衬砌隧道工程，地下隐蔽工程（包括人防地下室、住宅地下室、地下商场、地下停车场、地铁、公路隧道、管廊通道、银行地下金库、供电电缆隧道、烟草公司、医院、学校、书店、粮库、部队、博物馆等地下设施）、水利水电工程中的水坝及地下厂房、海洋基础结构工程等（表1）。

4 技术优势

AOP多脉冲电渗透系统之所以被认为是一项里程碑式的创新型应用技术，关键在于由该项技术的防渗漏原理、施工工艺和采用的相关控制手段性质决定，目前国内基础工程建设中普遍采用的混凝土结构内衬或外敷设防渗漏材料技术相比，其防渗和防潮的永久性、渗漏区间的可控性以及高质量是无法比拟的，这也是该项技术在国际基础工程建设领域被广泛采用的根本原因。目前国内基础工程建设中普遍使用的防渗防潮施工工艺和材料，随着施工工艺的改进和材料的升级换代，从理论和设计上是可以保证在几年内防止渗漏发生的，但大量的工程应用实践结果表明并非如此。

4.1 传统的防渗防潮施工技术存在的主要缺陷

（1）传统的防渗防潮施工技术无法从根本上保证在大面积混凝土施工过程中所敷设的全部防渗防潮材料没有被意外损伤，从而导致出现细小漏洞。

（2）传统的防渗防潮施工技术中防渗防潮材料均为高分子化合物，随着使用时间的推移，几年后会逐渐老化变性从而导致出现裂缝。

（3）由于地质构造沉降、位移的原因引起混凝土结构变形，进而引起所敷设的防渗防

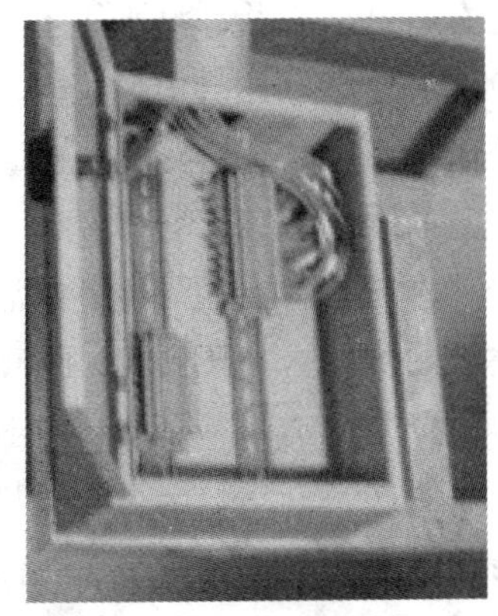

图2　系统设备组成　AOP系统控制箱、集线箱、钛金属线敷设

潮材料被随同拉伸、压缩变形出现裂缝。

（4）传统的防渗防潮施工技术只能保证混凝土结构内表面不出现渗漏，但无法解决地下水长期驻留于混凝土结构内使其含水率过高的问题。

混凝土构造内部长期被微量渗漏水侵蚀将引起结构老化、钢材锈蚀，进而破坏了混凝土构筑物原设计性能，导致其表面进一步加剧裂缝，随着时间的推移愈加严重，防渗堵漏修补也更加困难且易复发，这样反反复复漏了堵、堵了再漏，大大降低了其设计使用寿命。使混凝土结构工程需要定期反复投入大量的维修资金进行维护，给业主造成沉重的经济负担和损失。

采用AOP电渗透系统可以从根本上解决上述传统防渗防潮施工工艺无法避免的问题。基于AOP电渗透系统属于一次性投资建设项目，在系统建成投入运行后的五十年内，每年除承担极少的运行电费、人工费之外没有其他费用发生，也无需像传统建设的防渗防潮工程那样再年年重复投入大量的维护性资金，大大延长了混凝土结构构筑物的使用寿命。

4.2 AOP电渗透系统在日常运行中包括两部分成本

（1）每年只需对AOP多脉冲控制箱进行一次例行检测、检查和清洁性维护保养。

（2）该系统正常运行时需要消耗电能，所需电功率约100W~200W/10000 m^{2}左右，电能消耗约为每年900kWh~1800kWh/10000m^{2}左右。而采用传统防渗防潮施工技术的防渗漏系统，除施工建设成本外每年用于防渗堵漏的维护费用达建设造价的20%~30%。

由此可见，采用这两种不同技术建设的防渗漏工程项目运行按三十年计算，其建设资金加上日常运行维护成本有着几倍的差距，而这笔数量不菲的资金会给资产所有者的财政带来很大的损失。

AOP电渗透系统正常情况下可以运行五十年以上，其运行维护成本微乎其微。而传统防渗系统在每年需要进行维修的情况下只可以正常运行三年左右，三年后需要重新投资建设新的系统。即使按运行五年计算，其建设、运行维护成本也约需大量资金。更何况五年后还要重新投资建设新的防渗漏系统费用，因此二者长期投资的经济性是无法比拟的。与传统的防渗防潮技术相比，在系统综合造价方面，AOP电渗透系统不但具有明显的技术优势，还具有显著的低成本优势。

5 系统安装

5.1 正极钛线

钛金属线（直径2.0mm的ASTM一级钛线），导电水泥砂浆、通用ZRBVR1.5mm^{2}电缆（棕色或红色）。电缆线管（槽）、吊架：PVC线管，镀锌线管，金属线槽，不锈钢线管、槽等。

（1）根据现场施工条件和制约因素，一般阳极钛线的安装施工顺序归纳如下：

①现场按图纸测量和核实所有尺寸，按照施工图用墨线标示切割位置。

②使用金属探测仪或同等作用的电子设备，检查混凝土表面与钢筋之间距离，确保阳极钛线不接触钢筋，其最小间隙应为6 ~ 8mm。

③操作导轨式混凝土切割机或手持式切割机沿墨线切割20mm（深）× 8mm（宽）的沟槽。

④使用扫帚或真空吸尘机清除槽内尘埃物，淋水使沟槽内充分湿润后加入4mm厚的专用导电砂浆垫底并充分压实，将阳极钛线插入成型槽，用软塑料卡或间隔塑料条初步固定。

⑤使用水泥浆枪或压板抹板，将搅拌均匀专用导电砂浆灌入凹槽，确保凹槽填满，再次填压密实，凹槽口抹平。

⑥ 24小时后专用导电砂浆达到凝固强度后，卸下软塑料卡或间隔塑料条，并将间隔孔以相同的浆料灌浆填压密实。

5.2 负极镀铜棒

直径 14mm 镀铜阴极棒；塑料管及 PVC 管材；PVC 接线盒；带粘合剂热缩管；阴极电缆 ZRBVR 2.5mm^2（蓝色）。根据现场施工实际条件和制约因素，阴极棒的安装施工程序归纳如下：

（1）应在回填土工程前安装阴极。

（2）阴极应埋入泥土里，或至少在地下地基水平 500mm 深和距离外墙 200mm 处钻孔。

（3）回填阴极暴露部分，按照设计图纸要求，避免回填土破坏阴极及连接阴极电源管线所有部件。

（4）按设计图纸，安装负极穿线管，穿线管固定在结构内、外侧地面、墙面或顶板。

（5）按设计图纸，将导线穿入穿线管内。

（6）穿线管弯通等部件用密封胶做防渗防潮密封。

（7）阴极电源线穿金属管、金属槽引至接线箱。

（8）连接阴极和导线，连接部位防渗防潮保护。

（9）以聚氨酯密封胶或发泡胶密封所有导线和管道出入口。

（10）测试每根阴极的接地电阻值，并做好记录。

5.3 导线电缆

（1）根据现场施工实际条件和制约因素，正极钛线和导线施工顺序归纳如下：

①用绝缘电阻检测仪测试绝缘电阻值并记录。

②确保导线与连接端子两者连接紧密，导电性能良好。

③切割 50mm 长的热缩管并套进导线。

④剥掉 7mm 长的导线绝缘层并插进热缩连接端子。使用压夹工具压紧。

⑤将另一条阳极钛线插入另一边并压紧。

⑥将热缩连接端子热熔，收缩，直到粘胶剂从侧面渗出。

⑦将热缩连接端子套进热缩管再次热熔、收缩，直到粘胶剂从侧面渗出。

⑧将相应标志好电路编号的两端插入标签。

⑨钛金属线与电源线连接点在接线盒内。

⑩灌浆前必须测试每个阳极电路回路，利用测电器（电工万用表）测试导线的两端以确保连接。

（2）根据现场施工实际条件和制约因素，负极镀铜棒和导线的安装顺序归纳如下：

①剪下约 200mm 长热缩管套上阴极导线。

②剥掉阴极导线绝缘层用钳夹紧。

③用硅酮密封胶盖住连接点，套上热缩管。

④以热风枪热熔热缩管，直到连接完全封密防渗防潮。

⑤阴极线两端标记相应的号码，插入标签，并在图纸上显示。

6 维修与保养

AOP 系统控制箱是整机原装进口设备，由购买日起保修 10 年。保修期内免费更换部件材料、维修工程出现的任何故障。保修不适用于操作不当、运输损坏、未经授权修理、更改电路、产品用于不适宜用途的故障损坏。

AOP 电渗透防渗防潮系统已开发为支持风能、光伏发电式互补供电保障系统，在市电保障困难的情况下，可选择风、光发电供电，也可初始设计为风、光互补供电方式。

7 结语

虽然 AOP 多脉冲电渗透系统在应用范围上有一定局限性，正是它的专用性以及其独特的防渗漏技术及施工工艺，彻底解决了目前国内普遍使用的防渗防潮技术无法解决的混凝土结构工程结构内部含水率过高、防渗漏质量不稳定、易复发且修补难的问题，使混凝土结构寿命大大延长，从而带来巨大而长久的持续利益。这种划时代的全新高科技防渗漏、绿色环保新技术必将给建筑物延长使用寿命带来更广阔的空间。Ⓡ

深化项目文化内涵 引领项目文化建设

——浅谈准军事化管理在项目文化建设中的作用

廖鲜明

（中建八局第二建设有限公司，济南 250022）

随着市场经济的建立和完善，企业在发展过程中面临更加激烈的竞争和挑战，因此，统一企业的价值观、创造性地应用先进的管理理念进行管理创新是企业应对变化的关键，是坚持科学发展观的直接体现。近年来，准军事化管理越来越成为众多中国本土企业的选择，它在增强团队凝聚力、执行力和竞争力上发挥了很大作用。前身为基建工程兵的中建八局二公司，拥有铁军文化的优良传统，准军事化管理成为公司管理创新的优先选择。

一、准军事化管理和项目文化的定义和特点

（一）准军事化管理

1、定义

所谓准军事化管理，是指在生产活动的全过程和日常管理中，有机地引用军事管理所特有的组织形式、标准的行为准则、严格的管理制度和严厉的考核手段，以军人的严明纪律培养员工的自觉行为，以军人的严整风纪培养员工的文明习惯，以军人的坚强意志培养员工的坚毅品格，以军人的团结精神培养员工的团队意识，以军人的报国之心培养员工的工作责任感，促使企业全员在安全生产、经营管理全过程中都有规范的行为动作、标准化的作业方法，使企业管理达到高度的统一一致，提高工作效率，取得最佳的工作效果。

2、特点

准军事化管理不是狭义上的日常管理，它是一种广义上的管理科学，以严格、统一、规范、高效为主要特征，并强调其企业管理作风渗透到企业管理与生产经营之中，更好、更有效地为企业服务。

（二）项目文化

1、定义

项目文化是项目团队及其成员在项目实施过程中，利用施工现场作为平台，开展主题鲜明、内容积极、形式新颖的活动，增强项目成员的凝聚力、优化项目的管理力、提升企业的整体形象，形成正确的导向，激发团队意识的一种阵地文化。同时也是以企业理念为内在要求，以项目团队建设为重点建设对象，有利于项目管理高效运作和项目管理取得持续成功的一种应用性文化。

2、特点

（1）短期性：项目具有一次性，有固定的地点和时间限制。项目文化的重点在于短期内产生作用，形成凝聚力。因此要求参与项目的每位人员都具有良好的素质，一旦加入项目就能适应并融入这种文化中。

（2）灵活性。项目文化是在与企业文化相适宜的基础上又随项目的具体情况而形成的，具有一定的灵活性。

二、实施准军事化管理的意义

在美国，最大、最优秀的商学院，不是哈佛，不是斯坦福，而是西点军校。“二战”以来，西点军校培养出来的董事长就有1000多名，副董事长有2000多名，总裁有5000多名。向军队学管理、从军队借鉴管理经验，也成为中国本土企业的选择，成为促进企业发展的助推器。

伊利集团通过全员军训，建设从点滴小事做起的严格制度，培育了员工适应无情市场竞争的铁的纪律和意识。上万名员工，十几个企业，在厂区内能做到禁烟、禁酒、禁剩饭，实属不易。

对建筑企业来说，项目是企业创效的源泉，生产经营是项目的生命，项目文化是企业的灵魂。准军事化管理作为一种管理手段，在项目文化建设上发挥了巨大的作用，也促进了项目的生产经营。

（一）准军事化管理深化项目文化内涵

虽然我国多数企业都建立了现代企业制度，但不管是企业整体还是项目，仍处在粗放型管理阶段，政令不通、推诿扯皮、人浮于事、作风散漫、效率低下等现象不同程度地存在着，严重影响了企业的凝聚力、执行力和竞争力，影响着企业整体管理水平的全面提升。提高企业的凝聚力、执行力和竞争力有很多方法和途径，但推行准军事化管理不失为一种有效的方式。通过准军事化管理，将项目文化内涵进行延伸，打造团队凝聚力、高效的执行力和精细化作风，打造一支支纪律严明、步调一致、反应迅速、令行禁止，具有行动军事化、作风严谨化、工作标准化、管理精细化，“齐刷刷、嗷嗷叫”的项目铁军团队，使企业在市场竞争中立于不败之地，从而逐步向做大做强的目标迈进。

1、增强凝聚力，打造齐刷刷、嗷嗷叫的项目团队

凝聚力是指将各种力量凝聚到一起，从而发挥更大效用的一种能力。这一原理运用于企业，就是指把企业的人、财、物等资源聚合，进行合理配置，增强企业的经营能力和经济效益。凝聚力就是团队精神，是项目形成合力的必备条件，是企业发展的基础，是企业管理的重要内容。企业要发展壮大，必须增强企业的凝聚力。但建筑企业的项目分散在全国各地，甚至远涉海外，职工大多来自不同地方，每个人的需求不同、动机不同、价值观不同，让其目标趋于一致极为困难，受家庭、教育、思想、环境等因素影响，各种关系比较复杂，也会影响企业凝聚力的形成。

通过军事思想教育、军事训练和军事作风锻炼，可以增强员工的团队意识。同时，通过准军事化管理的要求建立起来的组织结构，建立了分工明确、资源配置合理的架构，使企业职工心往一处想、劲往一处使，行动统一，最终将企业职工不同的个人目标追求统一到企业的目标上来。

2、提高执行力，打造“招之即来、来之能战、战之能胜”的项目团队

对建筑企业员工来说，常年征战四方，工作地点调动频繁，特别是面临急、难、险、重的施工时，人、财、物的调动比较大，这就需要“一声令下、全员齐上”的文化氛围，需要员工高效的执行力。

什么是执行力？《执行，如何完成任务的学问》一书对执行力的定义是，执行力不是简单的战术，而是一套通过提出问题、分析问题、采取行动的方式来实现目标的流程，是一门将战略与实际，人员与流程相结合，以实现预定目标的学问，是企业战略发展目标和领导者职能的核心部分。

军队中有良好的坚定不移执行指令的氛围，军人具备“以服从命令为天职”的良好作风。准军事化管理就是用军队令行禁止和军人绝对服从的作风，规范员工行为，提高员工的服从意识和执行力，逐步营造一个军事化的文化氛围，不折不扣地执行指示，有条件的情况下充分利用条件执行，没有条件的情况下创造条件也要执行。

3、推进标准化，打造整齐划一、规范标准的项目团队

军队里，大到军事方案的制订，小到穿衣戴帽，都有严格的规范和标准，其标准化程度令人叹为观止。如队列训练必须准确地掌握每一个细小的动作要领，才能做到整齐划一；在内务要求上，精细要求到每个细节，被子叠得像豆腐块，物品摆放井井有条；外出着装规定到每一个纽扣等等。

项目推行准军事化管理，就是学习军队精益求精、每项工作、每道流程都标准化、制度化的经验，从而堵塞管理上存在的各种漏洞，提高经济效益和工作效率，增强竞争力。标准化管理要求项目明确每个岗位的职责范围，明确每位员工的责任，让他们知道自己应该做什么，不应该做什么。使每一项工作从开始到结束，每个环节都有人负责，形成“凡事有人管，凡事有人做，凡事有人考核，凡事有人监督”的工作氛围，工作样样有标准，行为处处有规范，杜绝推诿扯皮、职责不清等问题的存在。

（二）准军事化管理引领项目文化建设

项目文化因每个项目工程不同、地点不同和领导班子管理风格的不同，有不同的特点。如果没有一个核心价值观、核心的企业文化引领各项目文化建设，就会导致不同的项目各唱各的调，各干各的事，丧失凝聚力，建筑企业就会变成一盘散沙。站在企业文化的角度上，如何使项目文化求同存异，在保留各自特色的基础上，又能与企业文化保持统一？

项目文化是以形象品牌为外在表现、以企业理念为内在要求、以项目团队为对象的阵地文化。准军事化管理就是各项目文化的一个神经中枢和牵引机制，它在无形中引导项目员工思想、指导项目员工行为。通过准军事化管理，使公司各项目在形象品牌、企业理念和项目团队上保持与企业文化的统一，引领各具特色的项目文化，以鲜明、统一的铁军文化贯穿其中，集中展示项目形象和公司形象，树立公司品牌。

（1）内部上，结合公司历史和实际开展的准军事化管理，提倡的是铁军文化，适应于公司所属各项目，是公司全体员工共同的价值观，通过宣传、教育，起到“凝心智、聚人心、生共识”的作用。

（2）外部上，项目准军事化管理通过军训、内务整理、跑操、办公环境的统一规划等外在形式，使各项目具备统一规范、整齐划一、鲜明易识的外部形象，营造良好的氛围，使准军事化管理下的企业文化成为各项目文化的代表，使项目文化成为展示企业文化的窗口。

三、中建八局二公司准军事化管理的过程和特点

中建八局二公司前身为基建工程兵，人民军队的优良传统、敢打必胜的意志信念、令行禁止的纪律作风、勇于奉献的敬业精神，是公司独特的政治优势。公司积极发挥这一优势，通过率先推行准军事化管理，老兵带新人，把军队“统一、严格、规范”的管理作风，引入项目日常管理，以军人的严明纪律规范员工行为，以军人的严整风纪培养员工习惯，以“铁的责任、铁的团队、铁的作风、铁的纪律、铁的奉献、铁的智慧”为主要内容的“铁军精神”，“内强素质，外塑形象”，使“铁军精神”固化于制、显化于视，外化于形、内化于心，促进项目管理水平的不断提高，提高企业的竞争力。

（一）过程

2009年是公司“铁军精神传承年”，公司专门召开了“铁军精神”研讨会，深入学习局《筑魂》文化手册，总结提炼出以“铁的责任、铁的团队、铁的作风、铁的纪律、铁的奉献”为主要内涵的“五铁”精神，后又添加“铁的智慧”，丰富成“六铁”精神，制定印发了《“铁军精神传承年”活动实施方案》，编发了《传承“铁军精神”，打造核心竞争力》专题教育提纲。

项目准军事化管理是铁军精神传承、项目文化建设的有力抓手，公司将烟台市委党校、合肥新桥机场、济南民兵训练营三个项目部作为项目准军事化管理的试点进行推行。一是通过试点，在实践中逐步探索形成准军事化管理比较成熟的思路、做法、标准，为下一步准军事化管理在公司的全面推行提供样板和示范；二是把“铁军精神”的内涵作为准军事化管理建设的“魂”，注入项目管理，使“铁军精神”成为项目员工的核心精神理念和行动纲领，提升项目部的精神境界和团队凝聚力、战斗力。三是将准军事化管理与项目管理紧密结合。不是为了军事化而军事化，而是以行动军事化，促进工作标准化、精细化，把准军事化管理与项目的各项管理责任、目标、制度紧密结合起来，进而推进项目的全面管理。

1、成立准军事化领导小组

项目部以连建队，由项目经理任连长，项目书记任指导员，下设三个班，每个班都设有班长。层层分级，层层联动。

2、统一思想

项目利用“项目讲坛”、员工座谈会等载体，对“六铁精神”的理念内涵进行强化教育，使项目员工对“铁的责任、铁的团队、铁的作风、铁的纪律、铁的奉献、铁的智慧”有了深刻的认识，对于准军事化管理的精髓有了全面的了解，提高了贯彻落实准军事化管理的自觉性、主动性和积极性，为项目准军事化管理的顺利推行奠定了基础。

3、建章立制

根据公司《项目准军事化管理暂行标准》，结合《项目文化手册》和现行的项目管理制度，从项目员工的一日生活制度和日常工作制度入手，制订了《项目部准军事化管理实施细则》。

在一日生活制度方面，严格执行作息时间，早上6点半吹起床号，20分钟整理内务；每天提前20分钟到岗，做好上班前准备；晚上10吹熄灯号，不加班人员准时熄灯就寝。

在日常工作制度方面，各岗位员工要遵守项目部制订的效率标准，项目部套用部队“班务会”的做法，设立了项目生活会制度，每两周开一次，会上总结工作、开展批评与自我批评，交流思想、消除误解、强化沟通。项目部借鉴部队的战前动员做法，把整个施工过程划分为三大节点，每个节点结束后，召开战后总结会，每名员工对照自己制订的决心书，总结成绩、查找不足、分析原因、制订措施、整改落实。

4、准军事化管理与CI形象相结合

项目部结合中建总公司CI形象理念，对施工现场、办公生活区、食堂、洗浴室、卫生间、职工宿舍、娱乐活动场所实施统一规划、统一部署，建立项目文化墙和学习园地，充分体现规范化、标准化、军事化。按照部队做法，早晚放起床号、熄灯号，听到号声，迅速反应；内务整理按统一的标准，被褥叠放整齐、有棱有角，生活用品摆放在统一的指定位置，整齐划一；办公室整洁卫生，设施物品摆放整齐，坚持定期检查评比制度；会前高唱军歌、司歌；定期举行升国旗仪式；组织看军片、过军节；借鉴部队做法，召开项目民主生活会。通过这些视觉形象布置和部队做法的实行，营造浓厚的准军事化管理环境和氛围。

5、准军事化管理全覆盖

项目部年轻学生多，与公司老员工相比，

更注重个性、自由的发挥，在组织性和纪律性上稍差。准军事化管理特别注重在项目年轻员工中的推行，从日常生活习惯养成的细节，比如叠被子上入手，对员工进行基本的准军事化训练。

项目上，劳务队伍普遍存在整体素质不高、难以严格管理的问题。针对这种现象，项目部对劳务队伍实施半军事化管理。劳务队伍进场前，及时将军事化管理理念、制度和要求向对方说清、讲明；过程中，管理人员以身作则、率先垂范。

试点取得了明显成效，员工责任心明显增强，作风明显改进；项目团队精神明显增强，战斗力明显提高；项目管理明显改善，现场文明施工上水平；现场联动市场，企业形象明显提升。

在2009年11月的支部书记培训班和2010年公司职代会暨工作会上，试点项目进行了经验介绍，各单位书记集思广益，围绕如何进一步深入推进交流了心得体会，公司从员工思想素质军事化培养、行为习惯军事化养成、日常工作军事化考核三方面入手，几经讨论制订了《项目部实施准军事化管理的实施意见》，结合局《关于深入开展项目准军事化管理的实施意见》，2010年上半年，各区域公司试点，2010年下半年全面推开。

（二）特点

1、“第一个吃螃蟹的人”，在中建总公司内部率先推行准军事化管理

中建八局二公司是中建总公司率先推行准军事化管理的公司。在逐步的摸索和实践中，不断总结经验教训，通过三个项目的成功试点，成为八局乃至总公司准军事化管理的样板。

2、“近水楼台先得月”，充分发挥基建工程兵的先天优势

公司前身为基建工程兵221团，很多老员工都为专业军人，在推行准军事化管理过程中，有先天的优良传统和深厚的群众基础。推行准军事化管理，是企业实现高速、长效发展的需要，也是对企业文化的一种传承和发展。

3、“好乘东风扬帆行”，借助铁军文化传承深入推行准军事化管理

公司在推行准军事化管理的过程中，与铁军文化的传承紧密结合。通过准军事化管理，结合讲军魂、订军规、搞军训、过军节、树军型、看军片、升国旗、唱军歌等多种形式，作为铁军文化传承的有效载体。同时，借势铁军文化传承的有利时机，推动了准军事化管理的步伐，丰富了准军事化管理的形式。

四、准军事化管理存在的不足和解决之道

到现在为止，中间八局二公司推行准军事化管理模式已经近四年时间。公司通过试点探索寻经验，稳步推进促深入，延伸拓展求实效，把准军事化管理与项目文化建设有机结合，推动了项目生产经营的发展，项目形象更加鲜明，公司品牌进一步巩固。但是，在准军事化管理的推行过程中，也发现不足之处。

（一）不足之处

1、准军事化管理停留在表面，难以深入

目前，对准军事化管理模式认识不清的个别单位和个别项目存在流于形式的现象。准军事化管理重视表面上学习军队的传统和制度，但对军队精神学习的领悟不够、宣传不够。有些单位只是按照公司文件规定，做好规定动作，如升国旗、内务整理、开工前军训等，缺乏深化和创新。公司文件的规定，是适用于所有项目的操作性比较强的工作要求，但这不等同于只要完成规定动作就是实施准军事化管理了，而是在规定动作的基础上，依据各项目的特点和体会，将准军事化管理进行落地、深化和创新。而且，在实际工作中，还存在着为应付上级检查、外部参观，“临时性”的准军事化管理，明里一套、暗里一套，如何解决这些问题，

需要思考。

2、准军事化管理遭遇新时代要求，创新不足

目前，越来越多的年轻人进入公司，而公司原本的老兵逐渐退休。由于新一批的年轻人接触军队的机会少，对铁军文化缺乏共识，对准军事化管理的重要意义认识不足，在实施准军事化管理过程中，与老员工相比，短时间内难以使准军事化管理的精神内涵转化为自身的自觉行动。如何调动这部分人的积极性，是决定准军事化管理能否坚持和继承的关键。

3、准军事化管理重在模仿、实施，总结不足

在实施准军事化管理过程中，目前处在面上推开、追求覆盖率的阶段，应该到了总结提升和完善体系的阶段，赋予准军事化管理新内涵，使准军事化管理保持活力。在准军事化管理实施过程中，进行总结、提炼、提升，也是促进项目文化自觉和自信的需要，使准军事化管理提倡的铁军文化成为员工持续拥护、自觉执行的行为标准。

（二）解决之道

1、运用马克思主义哲学原理，准军事化管理要由表及里、由浅入深

马克思主义哲学原理中要求，感性认识上升到理性认识所需要具备的思维方法，是要由表及里、由浅入深。

要将准军事化管理引向深入，抓出成效。推行准军事化管理采取军训等一定形式是必要的，但要坚持形式与内容相统一，项目部应结合实际，把准军事化管理向项目管理的各个过程延伸，将准军事化管理与文化建设、生产经营紧密结合。以项目生产经营为中心，而不是单纯的就准军事化去抓准军事化。

2、不断健全完善准军事化管理体系

根据管理学上的反馈原理：面对不断变化的客观实际，必须做到灵敏、准确、有力的反馈。准军事化管理在实施的过程中，也要随着外界环境的变化而不断变化，研究、探索新内容、新形式，赋予准军事化管理新内涵，使准军事化管理保持活力。

提升创新意识，做到文化自省。面临公司人员成分结构的变化，准军事化管理也要适应新的人员结构。在保持准军事化管理核心精神不变的情况下，对准军事化管理进行自查诊断，去粗取精、去伪存真，将僵硬的、对促进工作无用的剔除，借鉴其他管理经验，引入先进的、促进公司发展、与准军事化管理精神一致的标准要求。

3、准军事化管理应服务于组织，不服务于个人

我们讲，中国人民解放军的服从是对组织、对信仰、对宗旨的绝对服从，并且是始终如一、自动自觉，不是对领导或上级的服从。准军事化管理的目的是促进整个公司的发展，而不是服务于个人。如果准军事管理是服务于个人的，那准军事化管理的要求就是自上而下的命令，就会使员工感到巨大的压力和枯燥乏味之感，准军事化管理的推行就很困难。

所以，准军事化管理应该更注重由下而上的沟通，多听取员工意见，同时，管理高层也需以身作则，主动践行准军事化管理。在二公司最近召开的党支部书记培训班上，我们就要求所有基层单位党支部书记、副书记、工会主席连同部分领导班子成员，全程参加军训、晨跑和拓展训练。在项目上，项目经理、书记也应起到率先垂范作用。

由于准军事化管理在项目文化建设中显现了重要作用，所以我们要大力推行项目准军事化管理，推进项目文化建设，提高综合管理水平，提升核心竞争力。但在实践过程中，我们也发现了一些问题。准军事化管理需要从实践中来，到实践中去，力求达到理论和实践的统一、知与行的统一，促进企业的高效、稳健发展。

关于建立立体化项目管理模型提升企业核心竞争力的探析

张小杰

(北京中建二局装饰工程有限公司，北京 100070)

一、项目管理的内涵和意义

所谓项目管理就是以项目为对象的系统管理办法，即通过一个临时性的专门的柔性组织，对项目进行高效率的计划、组织、指导和控制，以实现项目全过程的动态管理和项目目标的综合协调与优化，尤其是针对大型、复杂的具有整体性特征和时效性的独立工作对象进行整体协调处理的一种管理科学。

建筑企业的项目管理就是为了实现工程建设目标，在项目部这一临时性的专门的柔性组织的管理下，组织相应的人员、材料、资金等资源，以合同工期为项目的约定运转期限，以履约为中心工作内容，针对建设工程项目的组织与管理，通过自己的技术实力和项目的管理能力，完成合同规定的工程任务，取得业主及相关方的满意，实现企业盈利目标的一项活动。

建筑企业主要工作是围绕项目管理展开的，项目管理是企业日常最基本的工作，项目管理的基本规律及其核心内容具有普遍性的特征。企业要永续发展，必须要把项目管理做成最宝贵的核心竞争力，做成企业的“看家本领”、王牌和杀手锏。

二、项目管理的脉络和现状

现代的项目管理，通常被认为是二战的产物，被广泛运用于二战及之后美军研制原了弹的曼哈顿计划、北极星导弹计划、阿波罗登月计划等。

我国在改革开放之前，建筑企业管理基本上属于传统经验管理，科学管理的内容较少。改革开放以后，在建筑行业的发展过程中，领先企业开始重视项目管理，进而不断探索项目管理科学。其中的统筹法、鲁布革经验、中建总公司推动的项目施工法、法人管项目等都是与建筑行业发展相适应的领先的理论与实践经验。

经过多年发展，我国建筑企业项目管理思想、组织、方法发生了很大变化。但许多企业在项目施工过程中，项目管理的推动主要依靠以项目经理为核心的项目班子自身的经验和能力来实现，企业对项目实施管理的制度、规范不健全。在管理模式上，存在具体项目具体实施的一次性模式，施工项目的管理流程复用性较低。

项目是建筑施工企业最基本、最关键的细胞单元，建筑行业的发展离不开项目管理方式的革新。建筑企业需要通过在项目管理中除旧扬新，运用先进的、科学的项目管理模型和行之有效的规范做法对项目进行管理，调整施工项目的生产关系，以适应当前条件下项目生产力的发展，不断来提升项目管理能力，提高项目履约和盈利能力，打造核心竞争力。

三、立体化项目管理模型

（一）坚持以目标责任制为纲，引领项目管理

项目目标责任制是以成本管理为核心、以项目履约和盈利为目标的责任体系，具体通过工作目标设计，将组织的整体目标逐级分解，转换为单位目标最终落实到个人承担分目标。在目标分解过程中，权责利明确，而且相互对称，环环相扣、相互配合，形成协调统一的目标体系。

1、建立分层授权体系

建立分层授权体系，要冲破传统行政管理模式的樊篱，以项目目标责任制为基础，以项目授权充分和恰当、以企业法人管项目的监控到位和项目较好盈利为基准，合理界定企业、项目经理部在项目管理中的职责，明晰工作界面，为分层授权管理提供明确指引，以分层次授权来调动各层次，尤其是项目的积极性。

在授权运行中，要坚持以市场经济学鼻祖亚当·斯密《国富论》的“用市场这只看不见的手”来决定和调整谁说了算的问题，确保项目目标责任制的顺利实施。企业总部层面主要职责是宏观总结提炼，制定企业的项目管理总则、硬性标准和底线要求，对施工项目的项目管理进行阶段性评价，推广经验，修订政策，即企业总部不担当项目的履约、成本、盈利任务，但保留各方面事项的监控和否决权，这种否决不是代为决定；项目就是在授权范围内，组合最有利的资源，从而达到项目的履约和盈利目的。

2、落实成本管理措施

企业要在项目上落实成本管理的责任，就要在成本预测、成本决策、成本计划、成本核算、成本控制、成本分析、成本考核等方面对项目进行全面监管，对项目发生的主辅材料、台班租赁、财务资金、工资支出等全面进行成本控制，坚持编制项目现金流量表，最终实现施工项目多快好省地建设完工。

3、高度地统一责权利

项目目标责任制中的责权利统一问题，实质上属于对项目生产关系的调整。企业与项目签订目标责任书，项目负责执行，企业负责监控，在这样的职能划分基础上，最重要的是明确责权利的分配。企业对项目授权之后，企业的管理可以触及到项目上，但不能越俎代庖到项目上，以避免企业管理对项目责权利一体化运行的破坏。

4、注重指标确定、考核兑现和过程激励

及时的项目兑现能够有效激励项目管理人员的积极性。企业在项目目标责任书的制定中，应当制定合理的完成目标奖励比例和超额分享收益的比例，鼓励项目员工通过努力实现阳光致富，确保项目健康运行和顺利履约。

（二）坚持以工程履约为经，抓好过程管理

1、抓好策划与实施，指导项目满足竞争需要

（1）做好项目目标责任书的策划工作。制定调动企业和项目团队积极性的成本控制目标，制定项目现场的进度、质量、安全、CI 指标，制定企业人才培养指标，制定现场循环市场的持续经营指标等。

（2）做好以工期履约为主线的工程履约工作。工期紧张是工程项目的普遍特点，这尤其在大组团工程、政治工程等表现得非常突出。随着大体量工程的出现，管理跨度越来越大、施工人员调动越来越频繁，在现实条件下，建筑企业只有适应市场、适应业主，做好工期策划，根据工期编制多级进度计划，才能确保主要节点和控制点的完成。

2、抓好结算收款工作，实现项目收益最大化

结算和收款工作贯穿于工程履约整个过

程，是最基础、最关键的工作之一。因此企业要认真研究合同及招投标文件，做好结算与收款计划。同时，注重结算和收款策略，研究结算和收款的方法、程序、环节和内容，并注重资料的有效、完整、完善，及时、准确地办理结算和快速收款。企业要建立结算收款的工作机制并配备高素质的人才，做到颗粒归仓，实现项目应有的经济收益。

（三）坚持以科学管理为纬，抓好全面管控

对工程项目推行制度化、规范化、标准化、精细化、信息化管理，底线管理等科学管理思想和措施，是建筑企业实施现代化管理的必需因素，是企业对项目进行立体化管理的必要手段，企业要在项目施工过程中的每一个环节都多管齐下，才能实现全面管控。

1、制度化

制度化管理是一切管理工作开展的前提和基础。项目的工作必须在完善的制度保证下才能避免管理失误、规避潜在风险，防范腐败。制度化建设，是项目管理水平提高的基础保证。

（1）制度化建设要注重全面性。要覆盖到项目管理工作的方方面面，前期策划、方案编制、分包投标、过程管理、质量安全、激励约束、结算收款等各方面的工作都要做到有章法可依循，有规定可遵守，有标准可执行，不留制度死角，在制度层面杜绝出现重大失误的可能。

（2）制度化建设要注重明确性。要对制度中的内容和规定尽量明确和量化，一方面便于在工作中对比参照，提高工作效率；另一方面也为管理工作的整体受控提供明确的执行标准。

（3）制度化建设要注重规范性。制度是一个企业管理的核心和杠杆，制度的建设必须是规范的。制度的规范性主要应该体现在制度制定、执行、检验这一个过程的科学合理。

（4）制度化建设要注重时效性。要不断地调整制度，使之适应项目管理不断变化着的实际情况，才能最大限度地发挥制度对项目管理的积极作用。

2、规范化

项目管理的规范化，在实质上与制度化、标准化一脉相承。制度化建设需要注重规范化的问题，同样制度化建设本身也是为了实现项目管理的规范化。项目的规范化建设，包括制度规范化、工作流程规范化、管理岗位设置规范化、施工工艺和工法规范化、成品保护规范化、劳务队伍管理规范化等各个方面。

3、标准化

项目管理的标准化，是规范化的执行效果。标准化建设，可以促使项目管理从个人的经验中解放出来，按照现代化管理学系统工程的原理，依据项目管理的基本要素和实际需要，制定全员的岗位工作标准、全方位的管理标准，全项目的技术标准和全工序的操作标准，建立起适应工程项目需要的标准化体系，从而使工程项目管理要素，如人的行为、物的状态、事的运作全面步入标准化管理的运行轨道，实现由单一管理向全面管理、由经验管理向科学管理、由人治管理向法治管理、由粗放管理向集约管理的转变。

4、精细化

在具体的工作操作层面，也就是对制度的遵守、对规范的理解、对标准的执行，这就涉及项目管理的精细化。建筑企业要想提升项目管理能力，主要应该做好以下四“精”和四“化”。

（1）策划精心，细化整体方案。对于大型的复杂的项目做到前期的精心策划，拿出整体的细化方案，力求技术方案细化到每一个操作点位，工期方案细化到每一天。

（2）抓住精髓，细化现金流量。将成本作为项目管理的核心精髓，最重要的一个实现途径就是细化现金流量表的编制。

（3）过程精品，细化操作流程。将项目管理的各项工作条分缕析。每一项工作都要分析清楚、剖析透彻，在细致中体现专业素质，在细致中铸就精品工程。

（4）管理精彩，细化责权利分配。建筑企业应当深入推行项目目标责任制，做到项目责权利的细致分配，让工程项目的管理工作更加精彩。

5、信息化

信息化已经作为现代企业的必要因素融入到现代项目管理的方方面面之中。项目管理信息化的实现，将更大程度地解放项目的生产力、提升项目的管理效率，节约项目管理成本，同时也有利于建筑企业对项目管理工作的实时、全面监督控制和服务指导。项目管理工作的信息化，应该在以下三个方面努力：

（1）提高对项目管理信息化的认识。建筑企业的领导层尤其是一把手，要从企业战略发展的高度持续不断地进行部署安排。

（2）全员要使用信息化管理系统。全员使用和配合是信息化建设成功与否的关键。领导要带头使用信息系统，提高运用信息化进行管理、驾驭企业的能力。

（3）项目管理的主要流程要通过信息系统进行。不断改进信息系统，添加简洁实用的流程，使之与项目管理的实际高度契合，增强项目管理人员使用信息系统的主动性、自觉性。

6、底线管理

建筑企业应当结合国家法律法规、行业标准和自身实际情况制定最低管理标准和要求，实施底线管理。实行动态的底线管理，要对项目的施工管理、技术管理、质量管理、安全管理、劳务管理、物资设备管理等规定底线标准。同时，对在施项目履约应收款回收率、竣工项目履约应收款回收率、竣工结算指标、竣工销项指标、项目盈利指标等规定底线。通过底线管理，促进项目管理水平的提高，随着底线目标的实现，不断提高底线的标准，自下而上实现建筑企业项目管理的升级。

（四）坚持以平台支撑为助，助推项目管理

1、打造项目团队支撑平台

项目经理和项目专业领军人物，是企业的宝贵资源。企业要建立对项目经理和团队管理人才的内部培养发掘、外部招聘引进机制，加强职业化项目经理队伍建设，通过锤炼项目管理团队的道德品质、全面提升管理人员理论素质和实践能力、发掘项目团队的创新能力，打造项目管理团队的支撑平台。

2、打造技术支撑平台

（1）企业要加强对项目在施工过程中形成的先进施工技术、工法的整理和推广，对提高项目管理水平提供技术支撑。先进的施工技术和工法是建筑企业的宝贵财富，也是项目技术管理过程中的重点。

（2）加强以总工程师为代表的技术队伍建设。总工程师队伍的不断壮大、业务能力的不断提高将助推项目技术管理科技含量的提升，有利于现场技术难题的解决和施工方案的编审。

（3）要在项目上推行先进的管理技术。项目管理水平要实现突破，必须采取先进的管理技术。借助先进的管理技术，助推项目部形成清晰的管理思路，更好地对工期、材料、人力、资金等各方面的要素进行统筹把握，提升项目管理的水平和效率。

3、打造资源集中支撑平台

（1）合约管理集中。企业对项目的合约进行集中管理，有利于企业投标报价能力的整体提高、标书文件的规范制作、合约风险的有效规避。企业可以尝试抽调各方面的专家成立专门的投标报价工作小组，专门负责标书的编订制作，用集中管理的方式做到经济标合理、技术标先进。

（2）资金管理集中。企业通过资金集中管理工作，促进项目资金使用规范化和收益最大化。将现金流量表作为真正反映项目整体管理工作的晴雨表，以实时监控项目的现金流。

（3）物资采购和租赁集中。建立大宗物资采购和设备租赁的支持平台，控制项目成本。在物资采购和租赁环节，按照项目管理中目标成本责任制的责权利统一关系，项目要遵循市场的低价质优原则，采购大宗材料，企业层面主要提供合格分供商的资源，提供透明的、市场化的采购平台，让项目自己积极主动地进入并使用这个平台。

（4）劳务分包集中管理。这是现阶段建筑企业保证施工、用工的重要途径。劳务资源是项目非常重要的资源，劳务管理是项目履约的关键因素，企业必须加强对劳务分包的集中管理，为项目解决劳务难题。

4、打造文化支撑平台

企业应该在文化建设方面搭建强大的支撑平台，以企业文化的影响力和凝聚力推动项目管理工作向更高的层次迈进。通过在项目深入宣传和推广企业文化，实现项目员工对企业文化的认同，进而促进项目管理水平的整体提高。如中建总公司推进的“中建信条”的宣贯便是文化支撑的一个很好的例子。

5、打造战略支撑平台

工程总承包管理是建筑市场的发展趋势。在项目管理能力方面，企业要以战略眼光来思考企业的发展，进一步加强项目资源的整合，提高对项目整体的把握，以及对相关产业链的熟悉程度，打造企业的总承包能力。建筑企业更要深入将“高、大、新、重、特、外”项目的专业施工技术融合到企业一般项目管理中，在增强总承包能力的同时培育别人无法复制的项目管理核心竞争力。

（五）坚持以持续盈利为果，抓好统筹管理

1、统筹处理好工期、质量、安全、成本的关系

建筑企业要辩证地认识和处理工期、质量、安全、成本相互之间的关系，不能顾此失彼。项目管理团队应当组织连续、紧凑、有节奏的施工按期履约，坚持做到质量与安全并重，统筹兼顾施工生产中的工期、质量、安全、成本各要素。

2、统筹处理好现场和市场的关系

建筑企业通过公关、竞价、投标等方式获取项目，如果建筑企业通过施工项目全面满足业主要求和业主建立起很好的合作关系，双方的文化观念在项目实施过程中能够互相认同和渗透，就很容易通过在施项目赢取业主信任，获得更多施工项目。这样一方面节省了营销成本，另一方面合作双方对项目的经营质量也能有所把握，更为建筑企业的市场开拓争取了极大的主动权。因此，企业通过项目现场管理，将项目打造成为一个微型营销中心，延伸企业市场营销的触角，推动企业的持续发展进入良性循环。

3、统筹处理好近期盈利和持续盈利的关系

项目管理的近期目标是单个项目优质、快速、高效的履约，并实现盈利的最大化。企业的长期目标应当是实现行业领先，实现企业的持续性盈利。项目要追求近期的盈利，必须以企业的长远发展、持续盈利为根本方向，使管理存在不足的项目迅速向管理水平高的项目靠拢，缩小企业个体项目之间管理水平的差距，提升企业的核心竞争力。

四、结语

在建筑企业中，整个项目管理就是一个以盈利、履约、管控、机制、平台等要素经纬交织、互为支撑、相互融合的立体。在项目管理中，应当按照现代企业、谋求发展、辩证思维方式科学地分析问题、解决问题，对项目的管理需求进行逻辑归纳、整理，总结项目管理的整体脉络和重点。在现代施工项目的管理中，只有重视项目管理的宏观要素、过程控制及所有细节和环节，才能形成全面的项目管理，保持项目施工在市场竞争中的优势，提升企业的核心竞争力，促进企业在国际化大潮下永续发展。

工程项目施工现场管理

顾慰慈

（华北电力大学，北京 102206）

摘　要：工程项目施工现场是项目施工活动的中心，有大量的劳动力、技术和管理人员、施工机械设备、生产设备、建筑器材等物资汇集在这里，通过施工活动逐渐将设计图纸转变为工程实体，如何做到施工现场的人流、物流和财流的畅通，关系到施工生产活动能否顺利进行。施工现场又将各专业的管理联系在一起，如何将各项专业管理合理分工，又密切合作，互不干扰，直接关系到各项专业管理的技术经济效果。施工现场也反映了施工单位的精神面貌和管理面貌，它又直接关系到施工企业的社会信誉。所以施工现场管理是整个工程项目管理中的一个重要组成部分。本文简要地讲述了施工现场管理的内容、管理的原则、管理的方法和管理的要求。

关键词：施工现场；施工现场管理；文明施工

工程项目施工现场是指工程项目施工时所占用的经有关部门批准的建筑用地、施工用地和临时施工用地。

施工现场是将工程项目从设计图纸转变为工程实体的地方，因此在工程项目施工过程中，有大量的材料、设备和物资运抵施工现场，要在施工现场暂时堆放和存储，然后根据施工进度和需要进行分发和使用；有大量的施工人员和机械设备进出施工现场进行各种施工作业和活动，为此还必须进行各种相应的生产服务工作。所以，施工现场既是前方生产作业的场所，也是后方各种辅助生产的作业场所，如各种加工厂（混凝土构件厂、木工厂、铁件加工厂、各种成品或半成品加工厂等），施工机械维修保养场、试验室、仓库、锅炉房等等。因此如何科学地安排和合理地使用施工场地，各专业各工种之间如何合理地进行分工而相互密切协作，如何科学地调度现场的人力、物力和财力，确保工程项目的顺利实施，就显得非常重要，这也就是施工项目现场管理的任务。

一、施工现场管理的原则

1、科学性原则

工程项目施工现场的管理牵涉到多方面各种因素的影响，因此各项管理工作必须符合事物的科学发展规律，无论是现场管理的指导思想、组织模式、工作方法和实施手段都应符合现代化大生产的要求，采用近代的科学管理和方法进行管理，如目标管理、全面质量管理、系统工程、价值工程、网络计划技术、统计技术、ABC 分类法、库存论和行为科学等，也就是说施工现场的管理必须强调科学性原则。

2、规范化原则

近代的工程项目施工，是由不同专业的各工种交叉作业、协同劳作、相互配合、共同完成的，因此每一个劳动者都必须服从统一指挥，按规定的施工程序、工艺流程、作业方法、质量标准和规章制度来实施，以保证项目的如期完成，避免质量事故的发生、保障劳动者的身心健康和施工作业的安全，同时也有利于提高生产效率和管理工作水平。为此，特别是对施工中那些重复性的工作，要采用科学的方法，制定标准化的作业方法和工艺流程，以规范其工作。

3、经济性原则

工程项目的承包必须取得良好的经济效益，为此在项目的施工过程中必须事事处处精打细算，厉行节约，杜绝浪费，做到少投入多产出，这是提高施工项目经济效益的最根本的直接方法和途径。

在项目施工过程中，各种生产要素的配置和组合，各种生产活动的实施和完成，都是通过施工现场来实现的，所以施工现场管理的水平在很大程度上决定了项目的经济效益，管理水平好，经济效益就高。所以必须推行施工现场标准化管理，提高施工现场的管理水平，以取得良好的经济效益。

4、合法性原则

工程项目施工现场的管理必须贯彻执行国家、行业、地方和企业的有关法规，如城市规划、市政管理、市容美化、城市绿化、环境卫生、环境保护、文物保护、交通运输、消防安全、安全生产、居民生活保障、文明建设等。施工现场每一个从事施工工作和管理工作的人员，都必须懂法、守法，在各自的工作中自觉地执行相关的法律法规。

二、施工现场管理的任务

（1）充分做好工程开工前的各项准备工作和施工过程中的各项经常性的准备工作。

（2）建立和完善各专业的管理系统，科学地组织施工生产。

（3）优化生产要素配置，尽可能地采用新技术、新工艺，开展技术革新和合理化建议活动，不断改进施工生产，提高施工生产效率。

（4）推行施工现场管理标准化，做到事事有标准，人人执行标准，使施工现场所有工作都能按标准进行。

（5）优化劳动组合，搞好班组建设和民主管理，开展教育培训，不断提高施工现场人员的思想和技术业务水平。

（6）加强定额考核、施工任务单和限额领料单等现场管理制度，降低物料和能源消耗，减少浪费，不断降低施工成本。

（7）整理施工现场环境，建立文明的施工现场。

三、施工现场管理的内容

施工现场管理的内容主要包括：合理规划施工用地，科学地进行施工总平面布置；加强施工现场使用检查，根据施工情况及时调整施工现场平面布置；建立文明施工的现场；做好施工现场的安全、防火工作；做好施工现场的环境保护工作。

（一）合理地规划施工用地，科学地进行施工现场的平面布置

施工总平面布置的任务是合理地规划施工用地，充分利用场地内的空间，完成施工场地的划分，对施工设施、力能装置、临时设施、大型机械、器材堆放、构件堆场、物资仓库、交通运输、加工场地、水电气管线、消防设施、周转用地等，进行科学合理的布置，使其既方便施工，节省用地，又文明整齐，有利于施工安全和环境保护。

1、施工总平面布置的依据

（1）各种设计资料。

（2）建设地区的自然条件和技术经济条件。

（3）建设项目的建筑概况、施工方案和施工进度计划。

（4）大型机械设备的型式、布置及其作业流程的初步安排。

（5）各种施工力能的总需用量、分区需用量及其布置的原则。

（6）各种器材、构配件、加工品、施工机械和运输设备需要量一览表。

（7）构配件加工厂规模，仓库和临时设施的数量和外形轮廓尺寸。

（8）各标段施工范围的划分资料。

（9）有关规程、规范和法规的要求。

2、施工总平面布置的要求

（1）场地分配与各标段施工任务相适应，布置紧凑合理，既方便施工又节约施工用地。

（2）合理组织交通运输，减少运输费用，使施工的各个阶段都能做到运输方便通畅。

（3）施工区域的划分和场地的确定应符合施工流程，又能使各专业和各工种之间互不干扰，以便于施工管理。

（4）充分利用各种永久性建筑和原有设施为施工服务，尽量避免或减少大量临时建筑的拆迁和场地的搬迁。

（5）尽量利用地形，减少场地平整的土方工作量。

（6）考虑到建设项目地上、地下一切已建、拟建建（构）筑物。

（7）生活区应远离生产区，各种生产、生活设施应便于工人的生产和生活。

（8）满足相关规范、规程有关安全、防火、防雷、防洪排水、防盗和废弃物（液）排放的规定。

3、施工总平面布置的内容

施工总平面图布置的内容包括：

（1）建设项目施工用地上有关的一切地上、地下已有的和拟建的建筑物、构筑物及其他设施的位置和尺寸。

（2）为整个施工工地施工服务的临时设施的布置位置，如施工用地范围；施工用的各种道路；加工场位置；材料设备堆放场地；各种管线的布设；办公区、生活区的位置。

（3）永久性测量放线标桩的位置。

4、施工总平面布置的优化方法

在施工总平面布置中，为了使施工场地的分配、各种施工设施的布置更加经济合理，需要对施工图的布置进行优化，优化的方法有许多种，其中常用的有：

（1）地块分配优化法。

（2）区域叠合优化法。

（3）选点归邻优化法。

（4）最小树选线优化法。

（二）加强施工现场使用检查，调整施工现场平面布置

施工现场平面布置不是一成不变的，它应该符合各阶段施工的需要，采取动态管理的方法，当施工进入不同阶段或施工平面布置不符合施工需要时，要及时进行调整，使之符合施工需要。当然，现场施工平面布置的调整也不能过于频繁，以免造成浪费。一些大型设备应基本固定，而调整那些小型的、耗费不大的或已经失去现实功能的设施，代之以满足新的需要的设施。

现场管理人员要经常检查现场布置是否按施工总平面进行布置的，是否满足各项规定和要求，是否满足当前施工需要，还有哪些不足之处和薄弱环节，为施工平面布置的调整提供有价值的信息。

（三）建立文明施工的现场

文明施工是指科学地组织施工，使施工现场保持良好的施工环境和施工秩序。文明施工是现代化施工的一个重要标志，是施工企业的一项基础性管理工作。

文明施工现场是指施工场地和临时占地范围内，施工工作有条不紊，秩序井然，交通通畅，环境卫生，文物保护良好，防火安全设施齐备，性能良好，居民生活不受干扰。

为了建立文明施工现场需要采取相应的组

织措施和管理措施，其中的管理措施又分为现场管理措施和生产管理措施。

1、组织管理措施

组织措施包括健全管理组织、建立和完善管理制度、健全管理资料、开展文明施工竞赛、加强教育培训、推广新技术等措施。

（1）健全管理组织

建立以项目经理为首的，包括生产、技术、质量、安全、消防、保卫、材料、环保、行政、卫生等方面人员在内的施工现场文明施工管理组织。

（2）建立和完善管理制度

应建立和完善下列管理制度：

1）岗位责任制。

2）经济责任制。

3）检查制度。施工现场文明施工检查可采取综合检查与专业检查相结合、定期检查与随时抽查相结合、集体检查与个人检查相结合的方式，施工班组实行自检、互检和交接检制度。

4）奖惩制度。

5）持证上岗制度。进入现场进行施工作业的所有机械司机、起重工、混凝土工、电工、焊工、信号工、架子工、司炉工等特殊工种施工人员，都必须持证上岗。工地食堂应有卫生许可证，炊事员应有健康证，民工应有做工证，焊工等明火作业人员应有当日用火证。

6）会议制度。施工现场应坚持文明施工会议制度，定期分析情况，制定措施，协调解决文明施工问题。

7）各项专业管理制度。除文明施工综合管理制度外，还应建立健全质量、安全、消防、保卫、机械、材料、卫生、环保、场容、民工等管理制度。

（3）健全管理资料

1）有关文明施工的法律、法规和标准等资料。

2）施工方案中有关质量、安全、消防、保卫、环境保护的技术措施和对文明施工、环境卫生、材料节约方面的要求，施工各阶段施工现场的平面布置图和季节性施工方案。

3）施工日志。

4）文明施工自检资料，填写内容符合要求，签字手续齐全。

5）文明施工教育、培训、考核记录均应有计划、资料。

6）文明施工活动记录，如会议记录、检查记录等。

7）施工管理各方面的专业资料。

（4）开展文明施工竞赛

竞赛形式多样，并与检查、考评、奖惩相结合。

（5）加强教育培训工作

教育培训工作包括民工的岗前教育培训，各工种的技术培训，各专业管理人员的文明施工培训等。

2、现场管理措施

现场管理措施主要包括：开展“5S”活动、合理定置和目视管理。

（1）开展“5S”活动

所谓“5S”活动是指对施工现场各生产要素（主要是物的要素）所处的状态不断地进行整理、整顿、清扫、清洁和素养。由于这5个词在日语中罗马拼音的第一个字母都是“S”，故简称为“5S”。

1）整理。整理就是对施工现场的人、事、物进行调查分析，按照有关要求区分其是需要还是不需要，是合理还是不合理，将施工现场不需要和不合理的人、事、物及时进行处理。

整理的范围包括建筑物内外，上至作业面下至地下室、地下管沟内，每个工位、食堂、仓库、办公室、更衣室、加工场、堆料场、机械操作室等场区内的各个角落，达到现场无不用之物，形成物尽其用，人尽其才，地尽其利；工序合理，交通畅通。

2）整顿。整顿是指合理定置，也就是将现场所需要的人、机、物、料等，根据有关的法规、标准和企业的规定，按现场施工平面图规定的位置，进行合理的安排和布置，使人才合理使用，物品合理定置，施工现场的空间有效利用。

3）清扫。清扫是指对施工现场的设备、物品、场地进行维护清扫，保持施工现场环境清洁卫生，干净整齐。

清扫的范围包括施工现场所有的物品、设备、建筑物内外、食堂、仓库、办公室、厕所、各个场地、加工场、站等。

4）清洁。就是维持整理、整顿和清扫，是上述三项活动的继续和深入，使施工现场所有场所保持清洁，清除施工现场空气、粉尘、噪声、水源的污染源，保持个人清洁卫生，礼貌待人，以保证现场人员的身心健康，增加工人的劳动热情，心情愉快地工作和生活。

5）素养。素养是指努力提高施工现场全体员工的素质，养成遵章守纪和文明施工的习惯。

（2）合理定置

合理定置是指将施工现场所需用的物品在空间上合理布置，使施工现场标准化、规范化和有条不紊，反映出文明施工的水平。

1）合理定置的依据

①国家、行业、地方和企业有关施工现场管理的法律、法规、标准、规定和办法。

②场区自然条件（如地形、气象、水文、地质等）资料。

③施工组织设计（施工方案）。

④区域规划图。

⑤土方平衡调配图。

⑥材料、设备等的需用量、进场计划和运输方式。

2）合理定置的原则

①在保证施工顺利进行的前提下尽量减少施工用地。

②充分利用原有建筑物、道路、给排水和暖卫管线，以节省临设费用。

③合理布置施工现场内材料堆放、加工场、仓库和运输道路，缩短场内运输距离，减少二次搬运，以降低运输费用。

④在施工现场的定置中，要按照施工管理标准、规定的要求一次定置到位。

3）合理定置的内容

施工现场合理定置的内容包括：

①一切拟建的永久性建筑物、构筑物、建筑坐标网、测量放线标桩，弃土、取土场地。

②垂直运输设备的位置。

③生产和生活用的临时设施。

④各种材料，加工半成品，构件各各种机具的存放位置。

⑤安全防火设施。

（3）目视管理

目视管理就是利用视觉来进行管理，也称为“看得见的管理”。目视管理以施工现场的人、物和环境为对象，贯穿于施工的全过程，其主要内容和形式如下：

1）施工任务和完成情况制成图表，公布于众，或者以施工任务书的形式下达班组，再传达到每个人。

2）施工现场各项管理制度、操作规程、工作标准、施工现场管理细则等张贴墙上，公布于众。又如将工程概况、安全纪律、防火须知、安全无重大事故计时、安全生产文明施工规定、施工总平面图、项目组织机构及主要管理人员名单做成“五牌二图”，公布于施工现场入口处。

3）以清晰的、标准化的视觉显示信息（如标志线、标志牌、标志色等）落实定置设计，实现合理定置。

4）施工现场作业控制手段要形象直观、适用方便。目前我国建筑业最常用的施工作业控制手段有点、线控制，施工图控制、通知书控制、看板控制、旗语、手势等信息传导信号控制等。

5）施工现场科学合理地利用各种色彩、安全色、安全标志、消防标志、交通标志等，既可实施标准化管理，创造良好的施工秩序，又可预防事故的发生。例如施工现场职工所戴的安全帽有红、黄、蓝、绿、白等几种颜色，既可区别不同的单位、不同工种和职务，又起到劳动保护的作用。

6）施工现场管理的各项检查结果张榜公布，可以起到鼓励先进，促督后进的作用。

7）信息显示手段科学化，如应用电视、广播、仪表、信号等现代化传递信息手段。

3、生产管理措施

现场施工生产管理措施主要包括施工现场前期准备管理、施工过程管理和后期管理。

（1）施工现场前期准备管理

施工现场前期准备管理的内容主要包括以下内容。

1）技术准备。主要包括熟悉和审查施工图纸；学习国家有关工程建设设计、施工方面的政策和法规、审查项目的生产工艺流程和技术要求，掌握配套投产的先后次序和相互关系；明确建设期限，分期分批投产或交付使用的顺序和时间；工程所用主要材料、设备的数量、规格、来源和供货日期；编制施工预算；签发施工任务单、限额领料单等。

2）物资准备

根据施工计划确定资源需要量计划；进行材料、构配件、设备的加工、订货和签订供货合同；确定材料、设备的运输方式和运输计划；按施工平面图组织堆放、储存和保管。

3）劳动力准备

组织施工队伍进场；组织教育培训；进行安全技术交底，建立各项管理制度。

4）施工现场准备

进行施工现场的控制网测量；搞好场地的“三通一平”；建设临时设施；设置消防、安保设施；组织材料、新技术、新工艺的检验和试验；做好冬雨季施工的安排等。

5）编制施工准备计划

（2）施工过程管理

施工过程的管理主要是按已批准的施工组织计划组织施工，进行施工现场的进度、质量、安全和成本管理。

1）施工现场进度管理措施

①编制月（旬）作业计划。

②签发施工任务书。

③做好施工进度记录，填写施工作业计划。

④做好施工中的调度工作。

2）施工现场质量管理措施

①建立健全施工质量岗位责任制。

②坚持持证上岗的制度。

③组织各类施工人员的教育培训工作，不断提高施工人员的思想和技术素质。

④严格材料的检查和验收。

⑤组织新材料、新技术、新工艺的技术鉴定和现场试验。

⑥建立材料的管理台账，严格进行收、发、储、运的技术管理。

⑦根据施工方法和施工工艺特点选用合适的施工机械设备。

⑧按操作规程正确使用和操作施工机械。

⑨进行施工工序的检查验收，包括班自检、互检和和专职人员的检查验收。

⑩根据天气变化情况采取相应的质量控制措施。

3）现场成本管理措施

①采用先进的施工方法和施工技术降低施工成本。

②推广新材料、新设备加快施工进度，以降低施工成本。

③组织均衡施工，减少窝工。

④严格执行劳动定额，实行合理的工资和奖励制度。

⑤加强劳动纪律，提高工作效率，压缩非生产用工和辅助用工。

⑥严格控制非生产人员的比例。

⑦正确选配和合理使用机械设备，杜绝“大马拉小车”现象。

⑧做好机械设备的维修保养，提高机械的完好率、利用率和使用率。

⑨改进材料的采购、运输、收发、保管等方面工作，节约采购费用，减少各环节的损耗。

⑩合理堆放现场材料，组织分批进场，减少二次搬运。

⑪严格材料的进场验收和限额领料制度。

⑫制定节约材料的技术措施，合理使用材料。

⑬进行废旧材料回收和综合利用。

⑭加强费用管理，降低施工管理费用。

（四）施工现场安全管理

施工现场的安全管理就是为施工项目实现安全生产所开展的活动，其目的是消除一切事故，避免事故伤害，减少事故损失。

施工现场安全管理的重点是控制人的不安全行为和物的不安全状态，对生产各因素的状态进行约束和控制，确保项目安全生产的实现。

施工现场安全管理的措施主要包括以下几个方面：

一是建立和完善施工现场安全管理组织。

二是建立和完善施工现场各级人员的安全生产责任制度，明确各级人员的安全责任，定期检查安全责任落实情况。

三是在项目施工前和施工过程中进行危险源辨识、风险评价和风险管理。

四是进行安全教育培训。

图 1 为施工现场管理图。

（1）安全教育的内容

安全教育的内容包括下列三方面：

1）安全思想教育。提高职工的安全思想意识。

2）安全知识教育。使操作者了解和掌握生产操作中的潜在危险因素及其防范措施。

3）安全技能培训。使操作者熟练地掌握安全生产技能。

（2）安全教育的类型

安全教育可分为：

1）施工队安全教育

①本施工队施工作业的任务、特点、作业环境中存在的不安全因素和危险部位。

②本施工队采用的工艺技术，机械的基本性能，易出现的事故和事故防范措施。

③本施工队各工种的安全技术基本知识。

④劳动保护和安全生产的有关法规、安全守则和劳动纪律。

2）岗位安全教育

①上岗作业的规章制度，班组劳动纪律。

②岗位安全操作规程。

③工具、电器设备的现状，易发生事故的部位，安全防护装置的性能、使用过程的安全操作技术和注意事项。

④作业区的环境卫生标准和要求。

⑤个人劳动保护措施和防护用品的使用方法和要求。

3）特殊工种的安全教育

①本工种作业的基本知识，特种作业的安全操作技术和要求。

②特种作业存在的不安全因素，防范事故的措施。

③安全防护设备的配置、维修和使用的基本知识。

④各种特种作业对作业环境、职工的身体和技术素质的要求。

4）特殊条件下的安全教育

①季节变化、自然环境变化时的安全教育。

②采用新技术、新材料、新设备、新工艺时的安全教育。

（3）安全教育的形式

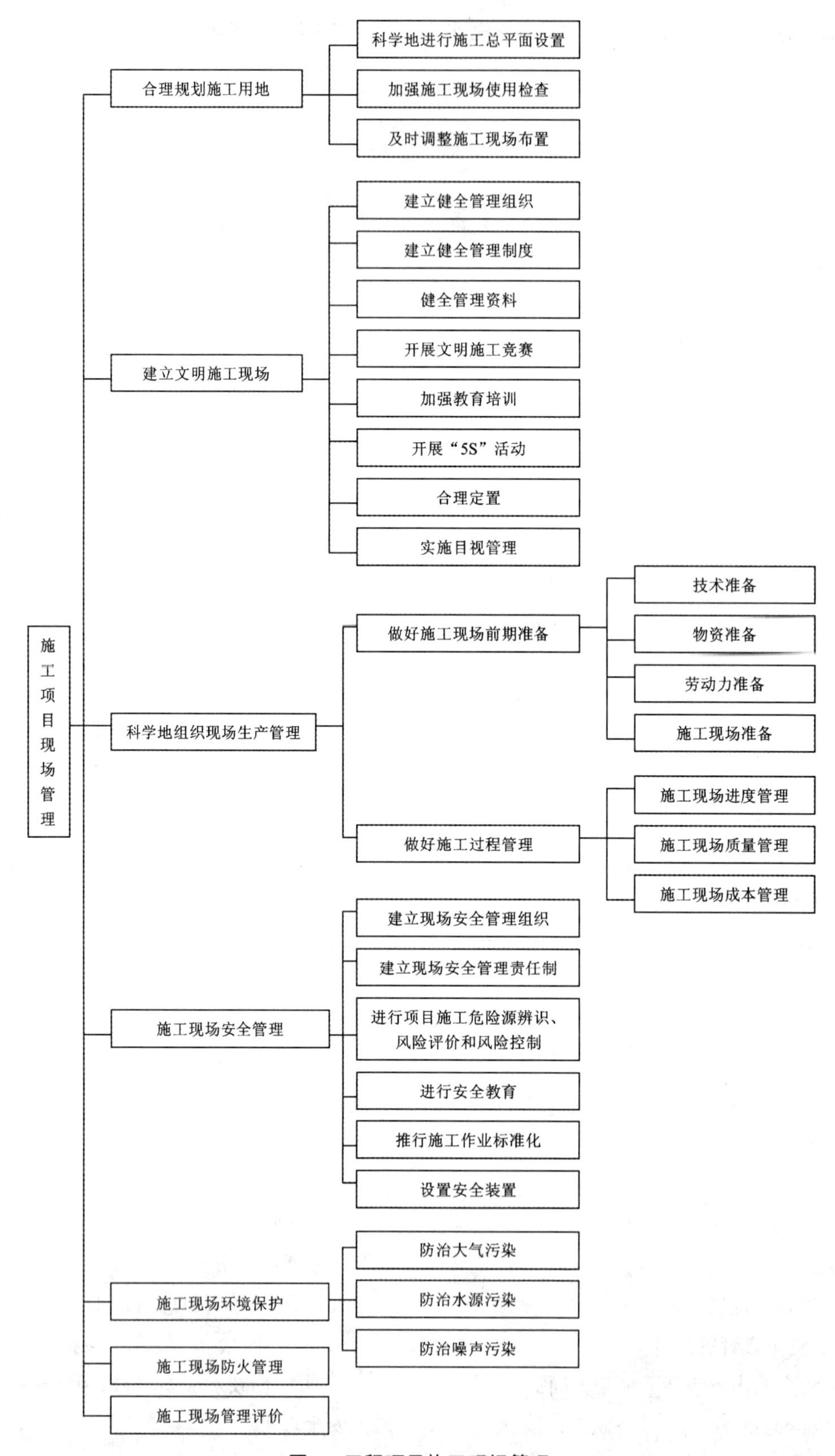

图 1　工程项目施工现场管理

安全教育可以根据具体情况采用多种不同的形式，如：

1）课堂教育。

2）会议讨论。

3）现场参观。

4）安全生产展览。

5）板报、墙报。

6）广播、录像。

4、安全检查

（1）安全检查的类型

1）定期检查。每季、每月、每旬进行一次。

2）非定期检查。非定期检查包括：

①施工准备工作安全检查。

②季节性安全检查。

③节假日前后安全检查。

④专业性质安全检查。

⑤专职安全人员安全检查。

（2）安全检查的内容

1）查思想。

2）查管理。

3）查制度。

4）查现场。

5）查隐患。

6）查事故处理。

（3）安全检查的方法

1）一般方法。主要包括：看、听、嗅、问、测、验、析等方法。

2）调查表法。调查表的内容包括：检查项目、内容、回答问题、存在问题、改进措施、检查措施、检查人等。

5、施工现场实施作业标准化

在施工作业中，操作者的不安全行为在很大程度上是由于不了解或不熟悉操作方法，为了进度快而忽略了必要的操作步骤，坚持不正确的操作习惯等原因造成的，因此制定作业标准，实施作业标准，反复训练，达标为止，这是预防和避免安全事故的重要措施之一。

6、设置必要的安全装置

主要包括下列安全装置：

1）防护装置。

2）保险装置。

3）信号装置。

①颜色信号。

②音响信号。

③指示仪表信号。

4）危险警示标志。

7、妥善进行事故处理。

（五）施工现场的环境保护

防止施工现场的粉尘、噪声和水源污染，搞好现场的环境卫生，改善作业环境，对保证职工和周围居民的身体健康起着重要的作用。

施工现场的环境保护要实行环境保护目标责任制，加强检查和监控，进行综合治理，同时还应制定相应的技术措施，并严格实行。

在施工现场的办公区、生活区应采取相应的绿化措施，改善生态环境。现场应设置足够数量的废料、垃圾筒和水冲式厕所，并有专人清扫，保持现场施工环境卫生。

施工现场的垃圾渣土要及时清理出现场。现场的道路要有专人定期洒水清扫，防止道路扬尘。运输沙土、白灰、粉煤灰等细颗粒粉状材料的车辆应有遮盖或采用密封车箱，扬尘和沿途遗洒。散装水泥、粉煤灰、白灰等细颗粒材料应存放在固定容器（储灰罐）内或设封闭式专库存放。

禁止在施工现场焚烧油毡、橡胶、塑料、皮革、树叶、枯草、各种包装材料和其他会产生有毒、有害烟尘和气味的物品。禁止将有毒有害废弃物作土方回填。

施工现场的废水、泥浆、污水未经处理不得直接排入城市排水设施和江河、湖泊、池塘。

工地临时厕所、化粪池应采取防漏措施；中心城市施工现场宜采用水冲式厕所。

各主、辅设备厂、各种管路、箱罐及电气

设备应消除漏煤、漏灰、漏风、漏气、漏水、漏油、漏烟等现象。

凡在人口稠密地区进行强噪音作业时，须严格控制作业时间，并尽量采取降低噪音措施。严格控制人为噪声，最大限度地减少噪声扰民。

尽量选用低噪声设备和加工工艺，或在声源处安装消声器消声（如在通风机、鼓风机、压缩机、燃气轮机、内燃机及各类排气放空装置等进出风管上设置消声器），或在传播途径上控制噪声（如采取吸声、隔声、隔振和阻尼等声学处理方法）来降低噪声。

（六）施工现场防火管理

施工现场应严格执行《中华人民共和国消防条例》，加强消防工作领导，建立义务消防组织，现场设置消防值班人员，建立现场安全用火制度，对进场职工进行消防知识教育。

施工现场应划分用作业区、易燃易爆材料区、生活区，并按规定保持防火距离。

施工现场应设有车辆循环通道和专用消防用水管网，配备消防栓。现场临建设施、仓库、易燃料场和用火处要有足够的灭火工具和设备，对消防器材要有专人管理并定期检查。

现场生产、生活使用明火均应经主管消防领导批准。

现场发生火警和火灾时要立即组织义务消防人员和职工进行扑救，并立即向消防部门报警。

（七）进行施工项目现场管理评价

为了加强施工现场管理，不断提高管理水平，确保工程项目顺利实施，应对施工现场管理进行综合评价。评价的内容包括：

（1）经营行为管理评价

（2）工程质量评价

（3）施工安全管理评价

（4）文明施工管理评价

（5）施工队伍管理评价

评价方法可以采取日常检查，一月评价一次。

参考文献

[1] 张乃如．设项目工程管理．天津大学，1987.

[2] 丁士昭．建筑工程项目管理，中国建筑工业出版社，1987.

[3] 金敏求．建设项目管理学．中国建筑工业出版社，1988.

[4] 任宏，张巍．工程项目管理．高等教育出版社，2005.

[5] 建筑业企业项目经理培训教材编写委员会．施工项目质量与安全管理，中国建筑工业出版社，1995.

[6] 吴之明，卢有杰．项目管理理引论．清华大学出版社，2000.

[7] 中华人民共和国国家标准．职业健康安全管理体系规范（GB/T28001—2011）.

[8] 中华人民共和国国家标准．质量管理体系要求（GB/T19001—2008）.

浅议建筑企业财务管理

——事业部管理模式下财务现状分析及对策

江密林

（中国建筑股份公司，北京 100037）

现代施工企业的财务管理工作已逐渐渗透到企业管理的各个方面，它在管理工作中具有重要的职能作用，是企业管理的中心。在现实中，强化财务管理，依据财务管理系统提供有用的财务信息是至关重要的。加强施工企业财务管理是实现施工企业目标的需要，施工企业发展目标是追求企业价值最大化，只有通过加强和完善企业管理，施工企业才能增强竞争力、提高经济效益、实现企业价值最大化的目标。加强施工企业财务管理可以对施工企业资源进行优化配置，保证企业资产的增值，实现最大收益。

一、建筑施工企业财务管理现状分析

（一）缺乏健全的预算控制体系

目前各类建筑业集团公司预算管理现状并不乐观，各公司虽然明确了预算管理体制，预算管理机构，编制了年度预算，可预算实际执行实际效果难以检验，预算仅为生产经营计划的参照。预算的控制作用无法真正实现。某股分公司某事业部个别部门预算偏差率20%以上。在费用预算上职能部门费用相对吃紧。

（二）费用管理存在失控现象，长期存在大额预提费用

施工企业下属部门较多，地域分散且流动性强，使业务招待费超支现象时有发生。除此以外还存在着建设单位（业主）供料结算严重滞后，施工企业的项目部靠预提费用平材料成本；分包工程未按规定进行进度结算，靠预提费用平衡分包成本；受核算或资金影响职工奖金（专指年薪部分）未能及时作表发放，靠预提费用平衡人工成本等情况。

（三）责、权、利失衡

工程项目承包机制和人事任用制度改革的力度不够。个别单位项目负责人素质偏低，弄虚作假。以前大部分单位项目负责人没有把经济效益当成项目管理的主要目标，只是满足产值、进度、安全和质量等指标的考核，从而无法提高经济效益最大化这一目标。个别项目经理全局观念差，考虑个人利益多，授意指使会计人员做假账弄虚作假，搞虚盈实亏，达到转移企业资产、粉饰业绩、以获取高额奖金和职务升迁等方面的利益。更严重的是有些单位负责人为了一己私利，参与项目的分包与材料管理。某股分公司某事业部也有个别铁路项目存在上述情况。

（四）进账收入依据不充分，采购决策缺乏透明度

施工企业对在建工程进度结算往往仅以工程进度统计报量为依据，由于其他基础资料的

缺乏，特别是建设单位(业主)认可资料的缺少，使施工企业的月度结算、年度结算不确定因素大，从而使施工企业的经济效益认定从根本上受到质疑。另外，容易出现腐败行为，极易造成权钱交易、人情交易、导致利益受损。质量无法保证。未能科学地、切合实际地开展责任成本管理工作。

（五）未能实行招标选用和强化管理外部劳务队伍

外部劳务队伍是工程项目施工力量的重要组成部分，直接影响项目的效益。大部分外部队伍选择不规范，所选择的分包队伍管理水平低、技术力量弱、人员素质差、施工设备落后，甚至是无营业执照、无施工资质、无技术力量、无管理经验的个体承包者，根本不具备施工能力。无技术、无资金、无设备的外部队伍进场，再加上对外部队伍的施工管理不规范，致使工程进度上不去、工程质量无保障、安全隐患多，影响项目的正常进展，效益流失严重，损害企业信誉。对外部劳务无严格考察选用机制。

（六）会计基础工作薄弱，信息失真

在实际工作中，一些单位会计基础工作比较薄弱，与《会计基础工作规范》标准相差甚远，造成财产不实，家底不清，数据不准，信息无用，给单位内部管理带来消极影响，另外，财会人员素质差，职业道德水平低。大部分施工单位存在会计核算工作不规范，内部控制制度不严，财会人员理财观念落后，工作中有章不遵，习惯于听从领导的吩咐，财会人员对经济事项的真实性、合法性不进行监督，更有甚者，法制观念淡薄，无视国家财经纪律，截留收入、挤列成本、乱借款、乱集资等时有发生。

二、施工企业加强财务管理的策略

（一）严格成本费用管理，实现成本控制目标，法人层面与项目之间应签订相关责任书

加强材料物资管理，降低材料成本。材料费在施工企业成本中比重很高，抓成本管理首先要抓材料管理这一关键环节。一是要把好采购关，坚持分渠道进货，按同等价格比质量，同等质量比价格的原则，按先近后远的原则进行市场采购，减少材料采购的成本及费用。二是建立科学的内部供料制度和材料的收、发、领、退及清查盘点制度。各施工单位建立小仓库，实行定额用料制度和材料节约奖制度，把控制消耗、杜绝以领代耗作为降低材料成本的重点。物资采购部门按计划采购原材料，大宗材料直接送到施工现场，其他材料分送到各施工工区小仓库，各施工单位凭项目工长签发的领料单领料施工，既减少工区自行购料环节，节约了采保费、人工费，又控制了领料过程中的损失浪费。三是加强现场材料管理。首先根据项目工长签发的领料计划单到现场限额领料，月末清理现场，对已领未用料办理假退料手续，正确计算各项工程用料。对不能入库的大宗材料，实行现场专人管理。其次，对周转材料实行内部租赁办法，各施工单位租用周转材料租金计入成本，改变周转材料只领用不回收的状况。此外，还要加强材料的现场管理，防止跑、冒、漏、滴等损失浪费现象，现场管理要责任到人，堵塞各种漏洞。

（二）完善固定资产管理制度

固定资产管理制度包括固定资产目录、固定资产折旧年限、折旧计提办法、大修管理、购建及使用管理等。只要企业严格按照固定资产管理制度办事，就不会混淆资本性支出和收益性支出的界限，从而保证企业当期损益的真实和稳定。

（三）完善债权债务管理制度，建立一个权责实现对比制

1、建立健全债权债务管理制度

建立健全债权债务管理制度首先要从源

头抓起，即严把合同签订关，严格按合同法办事；同时要认真履行合同条款确保合同赋予的权利。财会部门应建立详细的债权债务备查簿，及时清理债权债务，对长期拖欠的债权，要注意债权的法律时效。再者，建立权责实现对比制。所谓“权责实现对比制”就是把理论上的“收”、“付”与实际上的“收”、付”，理论上的“盈”、“亏”与实际上的“盈”、“亏”，在一张报表上进行对比。如果理论“盈”、“亏”与实 际“盈”、“亏”相符，就说明各项资金到位，财务管理合格；如果理论“盈”、“亏”与实际“盈”、“亏”不符，说明有些资金没有到位，财务管理还有需要解决的问题。

2、建立“权责实现对比制”

建立“权责实现对比制”可一目了然地看出哪些应收款还没有收到，哪些应付款还没有付足；可以有效地防止做假账，因为“应收”、“应付”和“已收”、“已付”必须在同一张报表上对比显示，可以发现财务管理中的漏洞；另外还可以对企业经理和项目经理进行考核时及时提供相关指标完成情况，保证会计信息的及时准确有效。

（四）建立和完善财务风险预警体系

为了减小管理和经营风险给企业造成的损失，建筑施工企业可以通过设定财务预警指标，选择预警指标标准值，分析判断预警度，编制财务预警分析报告等措施来预防财务风险。某股份公司某工程局已建立相关体系。

1、设定财务预警指标

不同的企业所处的行业不同、财务结构、资本结构也不相同，同一企业的不同历史时期，财务风险存在和发生的点也不一样。根据建筑施工企业所处的行业、规模和经营状况以及面临的主要财务风险、财务风险预警指标应以偿债力指标和盈利能力指标为基础，营运能力和发展能力指标补充，同时重点突出现金流量指标。

2、选择预警指标标准值

对于偿债能力、营运能力、盈利能力、发展能力以及现金量预警指标，根据国资委每年度发布的房屋和土木工程建业主要财务指标的优秀值、良好值、平均值、较低值、较差设定财务预警指标的预警标准值。对于其他指标，可以照各企业目标期望值设定预警标准值。

3、编制财务预警分析报告

根据财务预警指标分析，结合企业其他相关部门收集的关信息，由企业财务管理部门撰写财务预警分析报告，提企业经营管理层为其提供决策依据。

（五）财会部门应参与经营管理的全过程

如果财会部门只记账、算账、报账，那么财会部门的财务管理只能是理而不管，财务监督只能是一句空话。因为事后监督只能是“下不为例”。因此，企业的财务部门应具有独特的管理方式。一是应以会计工作为中心管理企业的现金流转。在现金流转管理中，通过集中办理企业内、外各项结算业务，实行企业现金流量“一个口进出”，由此实现资金控制。二是以预算管理为轴心实现对企业业务活动、日常管理、资金流动的严格监管。

（六）加强对财务人员的职业后续教育，培养德才兼备的财务后备人才

定期对公司的财务人员进行职业道德后续教育，进一步提高财务人员的职业道德水平包括职业素养、职业技能、职业能力。开展年度公司财务人员职业道德评比活动，奖励职业道德高的财务人员，另一方面也利于激励其他的财务人员加强自身职业道德修养和提高自身的职业技能。建筑企业的经营活动从项目立项、招投标阶段开始即需要财务部门对经济效益予以分析和研究，因此应树立财务管理涉及建筑企业经营活动各时期、各方面全过程的概念。

国有企业员工退出机制的探讨

胡家凤

（中国建筑第六工程局有限公司，天津 300451）

摘 要：国有企业是否该私有化、部分国有企业的垄断地位和由于其垄断地位而带来的高利润、特权、与员工付出不成正比的高薪酬福利、企业缺乏创新和活力、体制落后、员工终身制等一直是饱受国民诟病和争论的热门话题。国有企业改革改制也是80年代中后期以来国家和国民高度关注的一个永恒的话题。作为国有企业的核心资源要素之一，人力资源——员工也一定程度贴上了与国有企业相应的标签。从近几年高校毕业生的就业情况调查看，除国家机关、事业单位和高等院校外，高校毕业生首选的就是国有企业，彻底改变了1995-2006年期间优先选择合资和外资企业的倾向。从某种意义上说，这也与目前全球经济形势不景气、中国进入改革开放的深水区、经济发展方式转变带来的就业形势不容乐观，而国有企业薪酬福利稳定、工作环境较好、职业安全感较高等具有密切的关系。换句话说，国有企业员工退出机制不完善、企业淘汰机制乏力或根本没有淘汰机制——员工终身制也在一定程度上吸引了就业者的眼球。

关键词：国有企业；人力资源管理；退出机制

一、国有企业员工退出机制建立和良好运行的必要性

企业如果没有积极健康的淘汰机制，就好像人体没有了正常运行的排毒功能。毒素积累到一定的程度就会开始侵蚀健康的肌体和细胞，使人变成亚健康、失去活力和生机；如果仍得不到有效的化解和排除，将会漫延至全身，最后毒火攻心，命不久矣。这不是危言耸听，人力资源是企业的第一资源，正如现代管理学之父德鲁克说：“所谓企业管理，最终就是人事管理，人事管理，就是管理的代名词”、“如果把我们公司20个顶尖人才挖走，微软就会变成一家无足轻重的公司。”比尔·盖茨如是总结微软成为世界级企业的秘诀，这些表明在如今的知识经济时代，人才在企业中的作用已经超越了技术、资本、机械设备等，被广泛认可为企业的第一资源。如果企业不能积极改革运行中出现的各种致命的短板，激励对企业做出贡献的人才、及时淘汰碌碌无为甚至给企业带来损失及负面影响的员工，员工对企业的信任度就会大幅降低，团队活力逐渐衰减、人才逐步流失，最终使企业走向倒闭。因此，笔者认为，在国有企业深化体制机制改革的今天，员工退

出机制的建立、健全、完善以及确保有效执行至关重要。

二、当前国有企业员工退出的主要途径及现状

通过调查了解，当前国有企业员工退出岗位的主要途径有以下几种：

1. 协议解除劳动合同。根据协商自愿的原则，职工退出工作岗位，解除与企业的劳动关系，企业根据员工工作年限支付一定的经济补偿金（或称买断工龄，一般也以员工的年龄为依据。国家自1998年已明确指出“买断工龄”为违法行为，除少数边远省份外，目前大多数地方已不再使用此方法）。

2. 主辅分离、改制分流。主要做法是企业将非主业资产、闲置资产和关、停或破产企业的有效资产改制为面向市场、独立核算、自负盈亏的法人经济实体，员工与企业解除劳动合同，取得部分改制资产作为补偿，成为新企业的股东（依据2002年11月18日原国家经贸委、财政部、劳动和社会保障部等八部委颁布的《关于国有大中型企业主辅分离辅业改制分流安置富余人员的实施办法》执行）。

3. 提前内部退休。企业通过年龄一刀切的方式，使距离退休年龄5年左右的员工提前退出工作岗位，享受内部退休待遇，达到法定退休年龄正式办理退休手续。目前大多数国企一直在使用这种方法作为员工队伍年轻化、专业化提高的途径。

4. 改革劳动用工关系。企业将宾馆、饭店等与主业无关的服务行业的员工转变为社会化劳务用工，通过支付一定的经济补偿解除与员工的劳动关系。

5. 分离企业办社会职能，员工进入社会职能体系。企业将所承担的社会职能，如学校、医院、家属区等的资产和人员全部移交给地方政府，实现员工的身份转变。

6. 依法解除劳动合同。企业利用劳动合同管理手段，对违规违纪的员工做出相应的处罚。性质和情节严重者依法解除劳动合同，予以退出。

从以上6种国有企业员工退出的主要途径可以看出，国有企业员工的退出以集体退出方式为主，主要以国家政策、年龄等原因为依据，真正通过业绩和贡献论英雄，淘汰庸才和坏才的机制没有建立起来。也就是说无论你干好干坏，为企业做出过多大的贡献，身体健康状况和精力体力是否允许，只要达到集体退出的条件，多数都会被无情的强制退出工作岗位。员工队伍综合素质除了年龄降低、学历提升等表象特征改善了之外，没有真正的起到改善和提高的作用。之所以企业倾向于使用这种一刀切的方式，我想原因主要有以下几种：

（1）退出依据的合理、合法性充分，条件简单，便于操作；

（2）所有符合条件的人都一起退出，省得大家互相攀比，企业花钱买岗位，不用花更多的时间去做深入细致的思想工作；

（3）真正能干有本事的人会对企业人才退出和奖罚机制的公平性失去信心，也不会把过多的精力放在跟企业理论上。通常会在企业拿着退出的待遇的同时，另谋高就；

（4）长期在企业庸庸碌碌的人一看大家都一样，待遇也不少拿，也不再有借口找茬生事。

三、国有企业员工退出难的原因分析

1. 没有科学合理的定岗定编，因人设岗的现象仍然普遍存在。虽然目前大多数国有企业已经认识到了科学合理的定岗定编的重要性，但由于国有企业员工间错综复杂的裙带关系、各级管理人员的本位主义、来自本部门员工、各种关系的压力，以及政府强加给国有企业领导人员的维稳压力，使定岗定编工作成了各部

门之间以及部门与人力资源管理部门或高层之间的博弈，即使请了作为第三方的咨询公司，但咨询公司只能是根据企业情况结合行业标杆和国际国内的先进做法提供给企业处方，最终的决策权还得由企业结合自身的实际情况去调整实施。

2. 绝大多数的国有企业领导和员工在思想意识深处还是认为资产是国家的，危机意识不强。由于国有企业资产的属性、考核体制及受多年计划经济平均分配机制的影响，除少数几个主要领导承担国有资产保值增值的责任指标外，其他领导和员工普遍还存在国有资产保值增值意识差、你好我好大家好的思想，对那些碌碌无为甚至给企业造成损失的员工虽然心怀不满，但也多数是睁只眼闭只眼，打心底里认为也不是给我个人造成了什么损失，犯不着自己去得罪人。

3. 平均主义仍然在一定程度上存在，积极健康的企业文化还有待加强建设。会哭的孩子有奶吃、会说的人占便宜、老实人吃亏这种现象在中国仍然普遍存在，国有企业亦是如此。在国有企业工作的时间久了，你会发现这么一个普遍现象，就是那些成天不把精力放在工作上，干一分活能让全球人都知道说出十分功劳的人多数都很吃香，各级领导也多数很赏识。同样，那些成天到各级部门和领导处哭穷、不自立自强总想靠着企业过日子的人也总能比那些再苦再难自己扛着的人得到的实惠多。究其深层次的原因，国有企业去行政化不够，在一定程度上承担着政府应该承担的维稳、扶贫济困等责任压力仍然很大，很多政府官员因为维稳、安全事故一票否决丢官的压力也一定程度上传染给了国有企业的各级领导，使各级领导以“稳定压倒一切”为理由，失去了坚持原则的勇气，不敢惹不敢碰那些能叫会哭纠缠不休的员工。时间久了，会干的不如会说的，踏实干活的不如会投机钻营的，这种不好的风气就会传染，最终导致混日子的人越来越多，企业绩效低下，但法不责众，企业也不能一下子把混日子的人都淘汰了。

4. 成本压力没有逐层传递。由于计划经济体制时期子承父业顶替工作、国有企业职工身份地位高、收入稳定福利好等原因，造成的国有企业员工多数有一定的关系背景，员工之间关系的盘根错节，以及国有企业领导多数也是从这种环境成长起来，甚至部分领导的成长也受益于这种关系，使各级领导很难拉下脸来真正去管理绩效低下的员工。但工作总是得完成的，现有的员工干不了或不愿干就想办法再增加人手，反正成本跟我关系也不大，人多了工作摊薄，大家你好我好都没有矛盾。长此以往，形成不愿干、不会干的员工对付出辛勤劳动，埋头苦干的员工指手画脚、评头论足，自己无所事事，反正因为我有这样那样的关系，对领导们的成长知根知底，你也拿我不能怎么样。

5. 绩效考核工作流于形式，没有起到相应的作用。目前，大多数国有企业已经开展绩效考核工作。但据了解，多数国有企业的绩效考核工作基本上都停留在形式上，考核结果通常都是奖多罚少，真正通过绩效考核淘汰员工的少之又少。就拿某单位来说，开展绩效考核工作四年来，在平均180名员工中，仅有2人被扣罚绩效工资。其中不乏机关员工服务监督工作多、指标难以分解量化的原因、但各级领导不愿得罪人，不想让员工受到处罚而找麻烦的思想也占了主导作用。

四、国有企业员工退出机制健全完善的措施

目前，大多数国有企业已经从传统的财务管控型向人力资源战略管控型转变，人员退出机制的建立逐步受到了各级领导的重视，逐步上升到了企业发展战略的高度。但退出机制的建立和良好运行不是一蹴而就的事情，需要融

合到企业人力资源管理的每个环节中才能真正做到程序完善、操作透明、依据充分、结果明确易接受。因此，应从员工入口开始严格把关，确立企业员工退出标准并做好宣传、强化积极健康人才理念的整合和疏导、开展有效的绩效考核、制定严密规范的实施程序、不断拓展员工职业发展通道、营造良好的企业文化氛围，这些工作都将使人员退出机制的不断完善、畅通密切相关。

1. 建立完善定岗定编制度、严格员工进入企业的条件、标准和程序，明确退出标准和程序。目前，多数国有企业的定岗定编仍然流于形式，入口把关不严，在人员的进入上随意性很强，岗位编制控制、录用条件、标准和程序被各级领导随意变通的现象普遍存。因此，各级领导要带头遵守定岗定编制度和员工招录的规章制度，把住入口关，确保招录到的都是企业真正需要、有真才实学的人才。

另外，在招聘时向新员工介绍退出标准和程序达成一致认同、在员工到岗签订劳动合同时书面告知企业对员工管理的各项规章制度、将企业员工退出标准和程序作为劳动合同的附件让员工阅知并签收也非常重要。这一环节一方面为企业今后执行员工退出政策疏通了渠道、完善了手续，另一方面也让新进入企业的员工不再有进了国有企业就是终身制的思想，提高员工的危机意识。因为企业招聘到的都是接受这一政策的人员，这样就避免了将来在实施退出政策时，遇到员工方面的阻挠和劳资纠纷。

2. 强化积极健康的人才理念的整合和疏导，加强对企业员工退出标准和程序的宣传和培训，提高员工对退出的正面认识和理解。企业应该适时开展员工退出标准和程序的宣传和培训，让员工认识到员工退出是企业人力资源管理的中必不可少的关键环节。适当的员工退出对于企业降低成本、提高综合绩效和员工队伍的综合素质将起到积极健康的作用。同时，对员工来讲，因为有退出或淘汰机制的鞭策，也会更加尽心尽力地努力工作、不断学习补充新的知识和营养、积极主动思考和开展工作，在提高企业绩效的同时，也使自己的人生变得更加充实而富有价值。

3. 不断完善绩效管理制度，提高考核的公平公正性和透明度。企业要根据不同的发展阶段和人才队伍素质的整体情况，不断完善改进绩效管理制度，提高考核结果的公平公正性并严格做好结果的运用。通常，绩效考核制度中对考核结果不好的员工都会有相应的惩罚措施。但在多数国有企业中，为了避免引起矛盾激化，通常是虎头蛇尾，很少利用考核结果对员工进行培训、转岗帮助其提高个人绩效，对多次考核不合格的员工也没有进行强制退出。因此，必须在一定范围内公开考核结果的运用并建立相应的监督机制，使考核结果运用到位，真正起到奖优罚劣，提高员工队伍的活力和积极性。

4. 制定严密规范的实施程序，做到制度无情、操作有情。人员退出无论是对企业还是对员工，都是很敏感的一件事情，搞不好会形成人人自危的紧张气氛，影响企业的整体稳定和发展。因此，在有充分的事实依据的基础上，尽量与员工沟通达成一致，先从降职、降薪、调岗、培训等员工容易接受的环节做起，给员工一个改过自新的机会。但在这些过程中同样要做好考核和管理工作，给予一定期限的观察，如果还不能胜任岗位，坚决淘汰。这样，员工本人和其他员工也就无话可说。因此，人性化和柔性化的人员退出操作是做好员工退出岗位、减少劳资纠纷的关键。

5. 加强企业人工成本管控责任的逐级分解和落实。严格按照定员定编要求核定企业人工成本、将人工成本的控制列入各级领导的考核指标、与其个人收益挂钩。因为人工成本的控制直接关系到各级领导的切身利益，各级领导也会从思想上重视、积极参与管（下转第 86 页）

建筑业企业人力资源管理问题与对策

肖教荣

(中建五局人力资源部，长沙 410004)

摘　要：改革开放三十多年，我国建筑业企业走过了漫长坎坷的发展道路。虽然在激烈的市场竞争中技术能力和管理水平得到了很大程度的提升，但是在人力资源开发方面还非常薄弱，企业人力资源管理仍存有很多认识上的差异，并未作为一种独特的资源形成竞争力，与企业战略、企业文化严重脱节，已成为企业可持续发展的严重障碍。因此，变革现有的人力资源管理模式，已经成为建筑业企业发展的当务之急。

关键词：建筑业企业；人力资源管理；问题；对策

国务院住房和城乡建设部计划财务与外事司、中国建筑业协会联合发布的《2011年建筑业发展统计分析》中指出，作为“十二五”开局之年的2011年，至年底，全国共有建筑业企业（指具有资质等级的总承包和专业承包建筑业企业，不含劳务分包建筑业企业，下同）70414家，从业人数4311.1万人，完成建筑业总产值117734亿元（首次突破10万亿元大关），完成竣工产值62024亿元，签订合同总额208532亿元，实现利润4241亿元。从这些数据不难看出，我国建筑业对国民经济增长贡献突出，支柱产业地位日益增强，同时也应看到，我国建筑业企业数量多，从业人员规模大，劳动生产率水平低，企业人力资源管理工作日趋重要。

一、企业人力资源管理

企业人力资源管理是企业管理的重要组成部分，概括地说，它是为了实现企业战略目标，通过一整套科学有效的方法，对企业全体人员进行的管理。

企业人力资源管理以企业人力资源为中心，研究如何实现企业资源的合理配置。它冲破了传统的劳动人事管理的约束，不再把人看作是一种技术要素，而是把人看作是具有内在的建设性潜力因素，看作是决定企业生存与发展、始终充满生机与活力的特殊资源。不再把人置于严格的监督和控制之下，而是为他们提供创造各种条件，使其主观能动性和自身劳动潜力得以充分发挥。更加重视人力资源的开发，更加重视人力资源的投入，来提高人力资源的利用程度，实现企业核心竞争力与可持续发展的长远目标。

二、目前建筑业企业人力资源管理中存在的问题及现状

我国建筑业企业属于典型的劳动密集型产业，主要以提供工程劳务为主，工程服务中的

技术含量比较低，相应的资本壁垒和技术壁垒都很低，这使得建筑业企业人力资源管理主要集中在企业作业层管理方面，人力资源开发也仅仅停留在人事管理阶段，对员工采取粗放的管理方式，严重制约了我国建筑业企业的发展壮大。

（一）目前建筑业企业人力资源管理存在的问题

1、人事制度改革滞后，管理理念陈旧，市场配置资源水平低

建筑业企业人事制度改革明显滞后，不能适应社会主义市场经济的要求，只重视解决内部的物质、资金、技术等问题，往往忽视了企业的人力资源问题，市场在人力资源配置中的基础作用不明显。

2、用人机制不合理，激励机制不完善，职工积极性难以调动

第一在选人机制上存在问题，一般建筑业企业在选人问题上是领导先提出建议，然后由人事部门考察，最后再进行组织任命。在这种情况下，很难保证企业管理者不任人唯亲，不透明的选人机制正好为这些行为提供了运作空间。因此，在选人用人上很难做到公平、公正，企业很难提拔优秀人才。第二是权责不够明确，职位缺乏具体的职责说明、确切的工作指标和奖惩制度标准。因此，有的任职人员患得患失，放不开手脚；有的得过且过，敷衍了事；人浮于事的状况得不到改变。

3、培训机制不完善，人力资本投入不足，人才队伍素质不高

很多建筑业企业培训制度极不规范，具体表现为培训目标不明确、课程设置不合理、资金投入不到位，这使得培训只是表面功夫，流于形式，完全没有起到它应有的作用。有的企业对新员工虽有一个短暂的岗前培训，但对于企业的文化理念、岗位素质要求却完全没有涉及。有的企业甚至连短暂的岗前培训也没有，员工直接上岗，培训机构与设施形同虚设，人力资源开发受到冷落。

4、企业文化建设落后，范围狭窄，对员工的凝聚力不强

多数建筑业施工企业对企业文化的理解还很肤浅，也没有明确的价值观，传统的文化氛围反而造成僵化、保守、形式主义的形象，不能吸引企业外部的优秀人才。

（二）目前建筑业企业人力资源管理的现状

1、人力资源管理理念滞后

大部分建筑业企业经营者在观念上不太重视人力资源管理工作，对其缺乏深入了解，认为企业的发展就是靠投入，没有意识到企业首先需要一支高素质的管理人员队伍。

2、人力资源管理体制落后

首先，建筑业企业普遍缺乏统一制定的企业发展战略，与企业发展目标相匹配的人力资源管理体系不健全；其次，建筑业企业缺乏长期有效的激励手段与规范化，定量化的员工绩效考评体系形同虚设；最后，许多建筑业企业人力资源管理部门基本上还处在传统的人事管理阶段，工作仅局限于企业员工的聘用、辞退和员工的档案管理等，不能有效地支持企业的经营与发展。

3、人力资源管理不健全、不规范

在招聘、培训、薪酬管理等方面的工作，主要遵从上级指示文件，而不顾企业实际需要。人员结构不合理，高级管理人员、高级专业技术人员、开拓型经营人员和高级技师严重缺乏，而素质较低、技能单一的操作人员则供大于求、人浮于事。在人才的选拔和使用上，公正公平的竞争机制还没有真正形成。

三、更好地进行人力资源开发和利用的对策建议

1、树立正确理念，做好人力资源规划制度

首先，要正确理解人力资源管理的意义和内涵，牢固树立“以人为本”、“人力资源是第一资源”、“人才就是财富，人才就是竞争力”等系列管理理念。在过去，企业比较重视追求利润的最大化，往往忽视了人才是创造财富的主体。而经过多年的实践，人们越来越认识到，决定一个企业发展能力的，主要不在于机器设备的先进和新旧与否，而在于科学和合理的人力资源管理。人是社会经济活动的主体，是一切资源中最重要的资源，一切的经济活动，都是由人来进行的。

其次，要通过制定和实施企业人力资源管理规划，在企业内部建立起科学系统的人力资源规划制度。人力资源规划制度，它的内容主要包括有职业生涯规划、培训规划和薪酬规划等。一个企业想要留住人才，不但需要充分发挥人才的作用，还要让他们能明确自己的奋斗目标。这就要求管理者能帮助员工进行职业生涯规划，了解员工对任务的完成情况、能力状况和自己的愿望、梦想，设身处地为员工着想，为他们制订未来发展的目标和实施计划，使员工在为企业发展做贡献的同时，也能实现个人的梦想，让事业来留住人才。

最后，要加强战略性人力资源的引导。战略性人力资源管理核心职能包括人力资源配置、人力资源开发、人力资源评价和人力资源激励四方面职能，从而构建科学有效的“招人、育人、用人和留人”的人力资源管理机制。

战略性人力资源配置的核心任务就是要基于公司的战略目标来配置所需的人力资源，根据定员标准来对人力资源进行动态调整，引进满足战略要求的人力资源，对现有人员进行职位调整和职位优化，建立有效的人员退出机制，以输出不满足公司需要的人员，通过人力资源配置实现人力资源的合理流动。

战略性人力资源开发的核心任务是对公司现有人力资源进行系统的开发和培养，从素质和质量上保证满足公司战略的需要。根据公司战略需要组织相应培训，并通过制定领导者继任计划和员工职业发展规划来保证员工和公司保持同步成长。

战略性人力资源评价的核心任务是对公司员工的素质能力和绩效表现进行客观的评价，一方面保证公司的战略目标与员工个人绩效得到有效结合，另一方面为公司对员工激励和职业发展提供可靠的决策依据。

战略性人力资源激励的核心任务是依据公司战略需要和员工的绩效表现对员工进行激励，通过制定科学的薪酬福利和长期激励措施来激发员工充分发挥潜能，在为公司创造价值的基础上实现自己的价值。

2、优化人力资源配置，加大人才引进和人力资源开发力度

首先，要加强干部队伍建设。一是要建设一支有战略眼光，能驾驭全局、维护国家与企业利益，为企业领航带队的企业中高层领导人员队伍；二是要建设一支兢兢业业、会经营管理、执行能力突出、善于应用现代经营管理手段的专业经营管理人才队伍；三是要建设一支思想活跃、观念创新、时刻追踪前沿技术的专业技术人才队伍。

其次，要大胆引进人才，对企业一些重要岗位和特殊专业人才要通过主动加强与高等院校联系、拓宽社会人才交流服务平台，实行多种优惠政策等形式吸引企业急需的人才加盟企业。

最后，要注意留住人才，进一步完善以“事业留人、待遇留人、感情留人、机制留人”的各项制度，把企业管理目标与员工的个人发展目标有机结合起来，在追求员工与企业的互利发展的同时最大限度地吸引留住人才。

3、完善员工教育培训体系，努力提高人才素质

企业的竞争就是人才的竞争。扩充和增强人力资源一方面可以通过从校园或社会招聘实现，另一方面也可以通过对现有员工进行培训来实现。员工培训是企业优化人力资源结构，拥有高素质人才的重要手段。对员工的培训是人力资源开发的核心和根本途径。完善员工培训体系，重点要做好三方面工作：

第一要抓好全过程培训。坚持把对员工的教育培养贯穿到员工在企业供职的整个过程，保证通过培训持证上岗。

第二要抓好多样化培训。即岗前培训与在职培训相结合、专题培训和相关知识培训相结合、长期培训和短期培训相结合；另外，要根据施工企业特点，加强与高校科研机构的横向联系，进行专题讲座和科技培训，为企业培养专业技术骨干和管理人员。

第三要抓好持证上岗培训。要积极鼓励管理人员参加社会注册类或职称类考试，专业技术人员参加执业资格考试，员工接受继续教育，对获得证书的所有人员进行相应的奖励和提高待遇，促进职工学习的积极性，形成良好的学习风气。

4、建立有效的激励机制和绩效评估体系

激励是调动员工积极性的主要手段，也是形成良好组织文化的有效途径，成为企业提高效率和效益的关键环节。建立激励体系和绩效评估体系是振兴企业的必由之路，针对建筑施工企业的具体情况，主要有以下几种激励方式：

一是薪酬激励。企业可以通过工资福利，把员工的薪酬与绩效挂钩，以经济利益的形式来激励员工的积极性，让他们感到个人利益与企业整体利益息息相关。

二是精神激励。精神激励包括对企业员工的尊重理解与支持，信任与宽容，关心与体贴，正确运用精神激励可以有效地培育员工对企业的忠诚和信任度。

三是事业激励。积极鼓励专业技术人员在专业上有所建树，创造机会和条件让他们能够施展才华，提升专业领域的成就、名声、荣誉以及相应的地位。

四是文化激励。通过企业文化激励能使员工体验因能力差异而引起的收入和地位差异，激励员工不断自我完善，从而形成一种良性循环。

5、加强企业文化建设，用企业愿景、使命来引导员工的发展

一种良好的企业文化不但可以激发全体员工的热情，统一企业成员的意念和欲望，齐心协力实现企业战略目标而努力，而且是留住和吸引住人才的一个有效的手段。企业愿景、使命是企业文化的重要组成部分，企业愿景是企业里所有人的共同使命、共同目标、共同价值观，激励并约束着企业里所有的员工，无论企业在职业生涯规划中处于那个阶段都能够为员工们提供动力、提供一切的精神激励主宰着员工。为此，要大力加强企业文化建设，注重用企业发展目标、共同价值观、企业精神、经营理念来营造文化氛围。倡导忠诚理念，增强团队意识，不断增强企业的凝聚力和向心力，注重为人才施展才华搭建舞台，坚持把人才放到合适的岗位上锻炼成长，努力在企业形成“尊重劳动、尊重知识、尊重人才、尊重创造”的良好风尚，努力为人才的工作生活提供必要条件；同时，要加强与企业各级、各类人才的交流沟通，通过不断改善生活条件，提高收入水平，解决好他们生产生活中的实际困难，以此来营造一个健康和谐的人才生态良好环境。

四、结论和启示

总之，随着我国社会主义市场经济的迅速发展，人力资源的开发和利用将日趋激烈，人力资源的管理也将日趋完善和规范，人才的储备必将更加受到重视，人力资源管理体系的位置也日显其重。科学合理的人力资源管理可以起到吸引和留住人才的积极作用，反之则可能会导致人才的流失，给企业的长远发展带来负面影响。因而，不断改进和完善现有人力资源体系，对于现代建筑业企业的发展具有极其重要和深远的战略和现实意义。其启示如下：

第一，“人才资源是第一资源”的战略思想为建筑业企业人力资源管理指明了方向。胡锦涛同志指出：“建设创新型国家，关键在人才，尤其在创新型科技人才。抓紧并持之以恒地培养造就创新型科技人才，是提高自主创新能力，建设创新型国家的必然要求，也是实现国家发展目标、实现中华民族伟大复兴的必然要求。我们必须坚持人才资源是第一资源的战略思想，把培养造就创新型科技人才作为建设创新型国家的战略举措，加紧建设一支宏大的创新型人才队伍。”

第二，正确实施战略性的人力资源管理，即从战略的高度重视人力资源工作，将人力资源工作纳入企业战略规划体系，去统领企业其他方面的工作。

第三，人是经济人、复杂人，更是社会人。社会人有各个层次的需求，我们要重视对人的需求的分阶段、分层次的引导，不能一味地想当然、一刀切地对待员工的各种诉求；这就要求人力资源部门要好好做好组织的职业生涯规划，多用企业使命、愿景来引导员工的发展。

第四，要研究绩效考核的形式，特别是要研究对员工长期发展的引导问题，处理好短期激励与长期激励的关系。新时代的员工除了对物质利益的追求之外，更多地表现为对“受尊重”和“自我价值实现”的追求，这是任何组织都必须认真考虑的问题。

因此，建筑业企业的管理者、决策者必须把人力资源工作摆在首位，高度重视人力资源的开发、利用和管理，为企业的长效可持续发展创造一个宽松良好的人力资源环境。

（上接第 81 页）辖范围内员工的选拔和配置并严格把关，重视对员工绩效的管理和指导，彻底改变国有企业多数管理者对员工管理重使用轻培养、重引进轻淘汰的做法。

6. 加强对各级领导干部的量化考核，完善、落实领导干部退出制度。政府、国有企业各级领导干部能上不能下、能进不能出、考核流于形式、只要不犯大错误引起民愤或触犯司法，这个地方干不好换个地方照样做官的普遍现象也在一定程度上造成了国有企业员工退出岗位难。因此，破除领导干部终身制、对各级领导干部实行严格的考核和退出机制，真正做到各级领导干部能上能下、能进能出，有利于职工群众不攀比、不纠缠，严格遵守企业的退出制度。

7. 打造优秀的企业文化，在企业内部营造积极向上的竞争氛围，提高员工的士气和斗志。有奖有罚、奖罚到位是考核一个企业是否具有积极、健康向上的企业文化的重要标准之一。优秀的企业文化会使员工对退出机制有正确的认识和理解，努力认同并积极践行。适当比例的人员退出虽然会在一定程度上降低员工的职业安全感，但正因为它使员工处于流动状态，如果绩效不佳，就面临着降职、降薪、调岗甚至解雇的危险，这就使员工不断地变压力为动力，不断发挥主观能动性和创造性，主动深入思考自身的工作，为实现高绩效而努力奋斗，并保持较高的工作士气，最终促进企业整体绩效的提高。

参考文献

[1] 李雪松．国有企业退出机制．人力资源．2006(19).

[2]1995-2011 年普通高等学校毕业生就业形势、趋势分析（按年度网上查阅）.

[3] 胡八一．人力资源机能管理决定企业兴衰．

苏州工业园区唯亭科技创业基地施工阶段的安全管理要点

刘金平[1]　杨俊杰[2]

（1. 苏州工业园唯亭科技创业基地项目，苏州 215000；
2. 中建精诚工程咨询有限公司，北京 100037）

施工阶段的安全管理是我们工程项目中的重要内容之一，决不能掉以轻心，必须慎之又慎地做好。它在一定程度上关系到工程项目的成败，是保障建设工程安全生产、保障广大员工生命和财产安全、保持良好的生产生活秩序、维护国家和社会和谐稳定等的意义重大的大事。《建设工程安全生产管理条例》（国务院第 393 号令）规定：建设单位、勘察单位、设计单位、施工单位、监理单位、工程管理单位及其与建设工程安全生产有关的单位，必须遵守安全生产的法律法规，保证建设工程的安全生产，依法承担建设工程安全生产的责任。对于工程管理单位违反该条例的行为，责令限期改正；逾期未改正的，责令停业整顿，并处以 10 万元以上 30 万元以下的罚款；情节严重的，降低资质等级，直至吊销资质证书；造成重大安全事故，构成犯罪的直接责任人员，依照刑法有关规定追究刑事责任；造成损失的，依法承担赔偿责任。

根据国家和主管部门关于安全生产的相关规定，苏州工业园区唯亭科技创业基地项目，结合具体项目的实际情况，制定了施工阶段的安全管理纲要，现将其要点简述如下。

一、工程特点

苏州工业园区唯亭科技创业基地工程项目，位于苏州工业园区唯亭镇青剑湖商业广场正西面，北临湖滨路，东接星湖街。总建筑面积 54532m^2，其中地上面积为 40799m^2，地下面积为 13732m^2。主楼地下 1 层，地上 12 层，建筑总高度为 62.10m，建筑面积为 30641m^2。附楼地下 1 层，地上 3 层，建筑总高度为 23.90m，建筑面积为 13 732m^2。

该项目由唯亭创业投资有限公司投资建设，苏州工业园元合项目咨询管理有限公司进行项目管理，华东建筑设计研究院有限公司对土建工程进行设计，苏州市天地民房建筑设计研究院有限公司负责对地下人防部分设计，上海海洋地质勘察设计有限公司负责地质勘察工作，苏州东吴建筑设计研究院进行地下室基坑的围护设计，江苏建科建设管理有限公司承担监理工作；桩基施工单位：宜兴永固地基公司；土建施工单位：新世纪建设工程有限公司；钢结构施工单位：苏州建筑配件工程有限公司；水、电、消防、暖通施工单位：南通扬子江设备安装工程有限公司；幕墙施工单位：北京江河幕墙股份有限公司。

本工程周期比较长，施工难度大，存在多专业、多工种施工、交叉作业，相互干扰因素多，因此，影响工程项目安全生产的不确定性因素比较多、比较大，尤须强化监督管理力度，扎扎实实地确保安全生产“零事故”的目标圆满实现。

安全生产管理工作的主要法律依据：

（1）《中华人民共和国安全生产法》；

（2）《中华人民共和国建筑法》；

（3）《建设工程安全生产管理条例》（国务院第39号令）；

（4）《建筑施工安全检查标准》（JGJ59-2011）；

（5）《特种设备安全监察条例》（国务院第373号令）；

（6）《江苏省特种设备安全监察条例》（2002年12月17日通过）；

（7）《建筑施工高处作业安全技术规范》（JGJ80-91）；

（8）《建筑机械使用安全技术规程》（JGJ33-2001）；

（9）《施工现场临时用电安全技术规范》（JGJ46-2005）；

（10）《建筑安装工程安全技术规程》；

（11）《施工组织设计/方案》。

二、安全生产管理工作流程

（一）安全管理监控运行程序

（1）管理和审查工程承包单位的安全管理机构、安全管理人员落实到位情况；检查安全网络、安全措施的落实实施情况；

（2）管理和审查施工单位施工组织设计、专项施工方案中的安全技术措施的策划、设计情况；审查其是否符合项目建设强制性标准；

（3）施工单位必须定期进行安全自检并定期向管理单位以书面形式报告和沟通；

（4）定期进行作业现场的安全检查，对发现的安全问题要求承包单位及时整改，承包单位应主动地、实事求是地及时将整改结果报管理单位复查，并持续改进；

（5）一旦发现事故隐患，应及时制止和处理，必要时发出工程暂时停工令，并向建设单位和有关政府职能部门报告；

（6）建设单位、承包单位、监理单位应当对安全生产分工负责，协调一致，密切配合，齐心合力，千方百计搞好工程项目的安全生产；

7. 事故隐患排查处理后，应进行信息反馈，登记备案；

8. 工程项目参与各方，都要认真地做好安全资料的收集、记录、整理、归档工作，以便备查和使用。

（二）安全生产管理工作流程

安全生产管理工作流程见图1。

三、安全生产管理控制要点

（一）对施工单位安全管理要求

（1）施工单位当以取得《安全生产许可证》方可承包该工程。施工企业的企业资质必须符合国家和建设部的有关规定。

（2）施工单位应当建立健全安全生产责任制度和安全生产教育、培训制度，制定安全生产规章制度和操作规程，保证本单位安全生产条件所需资金的投入，设置安全生产管理机构，配备专职安全管理人员，实行安全生产管理人员责任考核制度，并明确工程项目安全生产目标及其保障措施。

（3）施工单位的项目负责人，应当由取得相应的执业资格的人员担任；特种作业人员必须取得作业资格证书后，方可上岗作业。

（4）施工单位的项目负责人、专职安全管理人员应已完成上岗培训考核资格并取得上岗合格证书。

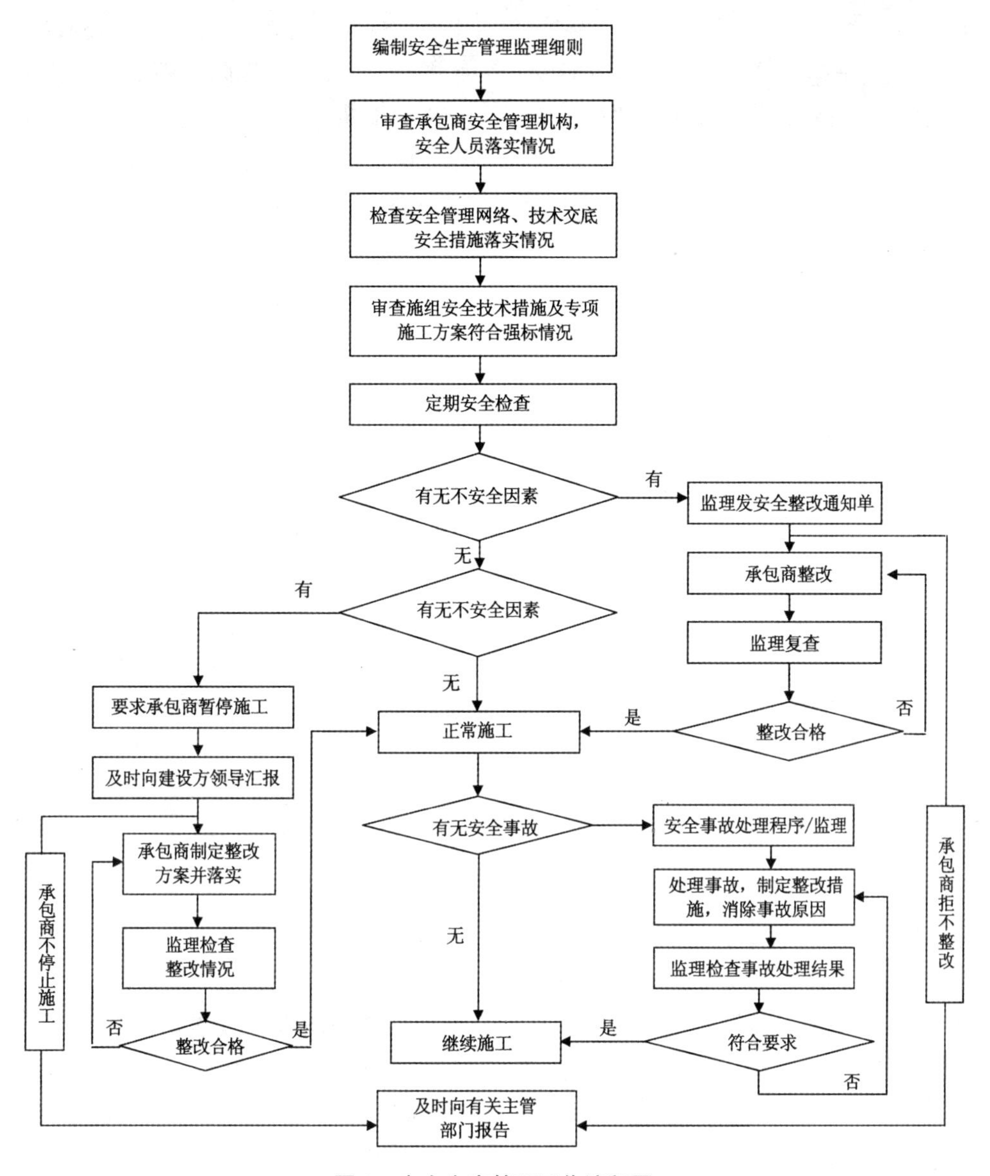

图1 安全生产管理工作流程图

（5）施工组织设计中，应有安全生产技术措施和施工现场临时用电方案的程序编制，对达到一定规模的危险性较大的分部、分项工程需要编制专项施工方案，并附具安全验算结果。对工程中涉及深基坑、地下暗挖工程、高大模板等专项施工方案，施工单位应组织专家进行论证、评估、审查。施工单位在使用施工起重机械和整体提升脚手架、模板等自升式架设设施前，应当组织有关单位进行验收，也可以委托具有相应资质的检测检验机构进行验收并出具验收证书。

（6）施工前，施工单位负责项目管理的技术人员应当将有关安全施工的技术要求向施工作业班组和作业人员进行交底说明，并由双方签字确认。

（7）施工单位应当为施工现场从事危险作业人员办理意外伤害保险。

（8）施工单位应进行定期和专项安全检查，并作出记录备查。对检查出的安全隐患，事故苗头，要求定人、定时、定措施、按期完成整改治理。

（9）专职安全生产管理人员，负责对安全生产进行现场监督检查。发现事故隐患，应当及时向项目负责人和安全生产机构报告；对违章指挥、违章操作的，应立即制止。对重大工伤事故按规定如实向有关部门上报，并建立事故档案。

（10）新工人进入工地前，必须认真学习本工种安全技术操作规程。未经安全知识教育和培训的，不得进入施工现场操作。

（11）暴雨、台风前后，承包单位应检查工地临时设施、脚手架、机电设备、临时线路，发现倾斜、变形、下沉、漏电等现象，应及时修理加固，有严重危险的，应当立即设法排除，以防后患。

（12）施工现场应有安全布置总平面图，并设置明显的安全警示标志，安全警示标志必须符合国家规定标准。

（13）施工单位应编制应急救援预案，应急救援预案应符合施工现场实际情况。

（二）对施工单位文明施工要求

（1）施工单位对因建设工程施工可能造成损害的毗邻建筑物、构筑物和地下管线等，应当采取专项防护措施；施工单位应当遵守有关环境保护法律、法规的规定，在施工现场采取措施，防止或减少粉尘、废气、废水、固体废弃物、颗粒物、噪声、震动、连续施工和施工照明对人的和环境的危害和污染，届时应当采取有效措施，如对施工现场实行封闭围栏等，以防扩大事态的影响。

（2）施工现场主要出入口实行门卫制度，进入施工现场的工作人员必须佩戴安全保卫部门发放的工作卡。

（3）施工场地应用排水设施，保证道路畅通无阻。

（4）建筑材料、构件料具，应按照总平面图布局堆放，并按堆料名称、品种、规格、编号等标牌堆放整齐，做到工完场清。

（5）施工现场临时搭建的建筑物，应当符合安全和保卫的使用要求。办公、生活区与作业区，应当分开设置，选址时应符合满足安全性的要求，并保持安全距离。职工的膳食、饮水、休息场所等应当符合卫生标准。

（6）施工现场应建立消防安全责任制度，确定消防安全责任人，制定用火、用电、使用易燃、易爆材料等各项消防安全管理制度和操作规程，设置消防通道、消防水源，配备消防设施和灭火器材。

（7）施工现场大门口醒目处，要悬挂“五牌一图”，标牌要规范、整齐，并有动人的安全宣传标语口号。

（8）施工现场应有相应的生活设施，包括食堂、开水房、卫生间等，其卫生必须符合相关规定的要求，并有专人管理。现场应备有保健医药箱和急救措施、急救器材。

（9）施工现场应制定不扰民措施及方案，夜间施工应办理施工许可证。

（三）主要安全控制点具体要求举例（不限于）

1、脚手架施工基本安全要求

（1）脚手架的搭设、维护、拆除等作业，在2m以上的均为高处作业，应严格执行高处作业安全规定。

（2）从事脚手架的搭设、维护、拆除的作业人员，必须熟悉有关脚手架的基本技术知识，并持证上岗。

（3）脚手架的搭设、维护、拆除等工作，应尽量避免在夜间进行，如确需夜间作业，现场应有足够的照明，且夜间搭设脚手架的高度不得超过二级高处作业标准（15m以下）。

（4）对25m以上的大型脚手架、悬空脚手架及特殊安全要求的脚手架，实行责任人负责制，每榀脚手架设专门责任人，负责日常检查、维护，防止人为破坏。

（5）当有6级以上大风和大雨、雪、雾天气时，应停止脚手架搭设和拆除工作。

（6）脚手架搭设、拆除时，地面应设围栏和警戒标志，并派专人警戒，严禁非作业人员入内。

（7）不得在脚手架基础及其邻近处进行挖掘作业。

（8）凡在脚手架上作业的人员必须戴好安全帽、系好安全带、穿防滑鞋，严禁酒后作业。

（9）根据现场具体环境，在脚手架的外侧及顶部设醒目的安全标志、信号旗（灯），以防过往车辆及吊机运行中碰撞脚手架。

（10）使用软梯在两器等设备内施工时要有必要的防坠落措施，并要有专人监护。

（11）脚手架之模板支架构造要求

1）模板支架应根据其用途专门设计，应满足相关技术规范要求，并执行报批程序。

2）钢管模板支架立杆的构造应符合规范规定的要求。

3）满堂脚手架模板支架的支撑设置应符合规范规定的要求。

2、基坑支护及开挖施工安全技术要求

（1）所有操作人员应严格执行有关“操作规程”。

（2）现场施工区域应有安全标志和围护设施。

（3）基坑施工期间应指定专人负责基坑周围地面变化情况的巡查。如发现裂缝或坍陷，应及时加以分析和处理。

（4）坑壁渗水、漏水应及时排除，防止因长期渗漏而使土体破坏，造成挡土结构受损。

（5）对拉锚杆件、紧固件及锚桩，应定期进行检查，对滑楔内土方及地面应加强检查和处理。

（6）挖土期间，应注意挡土结构的完整性和有效性，不允许因土方的开挖遭受破坏。

（7）其他可参照《建筑地基基础工程施工质量验收规范》（GB50202-2012）。

3、模板操作及施工时注意的安全

（1）模板和钢管一定要按设计的型号配置，当型号改变时，一定要通知技术负责人，经过审批后方可进行模板的搭设。

（2）模板系统一定要按计算书上的间距安装，不经技术负责人审批不得随意改变。

（3）模板安装时一定要注意各个节点的连接牢固和拼缝的严密，特别是支撑与模板的连接点，一旦出现连接不牢的问题后果将不堪设想。

（4）模板的拆除应自上而下，先拆侧向支撑后拆垂直支撑，先拆不承重结构后拆承重结构。

（5）柱模应自上而下、分层拆除。拆除第一层时，用木锤或带橡皮垫的锤向外侧轻击模板上口，使之松动，脱离柱混凝土。依次拆下一层模板时，要轻击模边肋，切不可用撬棍从柱角撬离。

（6）梁模板的拆除应先拆支架的拉杆以便作业，而后拆除梁与楼板的连接角模及梁侧模板。拆除梁模大致与柱模相同，但拆除梁底模支柱时应从跨中向两端作业。

（7）模板支撑不得使用腐朽、扭裂、劈裂材料。顶撑要垂直，底端平整坚实，并加垫木。木楔要钉牢，并用横杆顺拉和剪刀撑拉牢。

（8）支模应按工序进行，模板没有固定前，不得进行下道工序。禁止利用拉杆、支撑攀登上下。

（9）支设4m以上的立柱模板四周必须顶牢。操作时要搭设工作台；不足4m的，可使用马凳操作；模板作业面的预留洞和临边应进行安全防护，垂直作业应上下用夹板隔离。

（10）支设独立梁模应设临时工作台，不得站在柱模上操作和在梁底模上行走。

（11）拆除模板应经施工技术人员同意。操作时应按顺序分段进行，严禁猛撬、硬砸或大面积撬落和拉倒。完工前，不得留下松动和悬挂的模板。拆下的模板应及时运送到指定地点集中堆放，防止钉子扎脚。模板的堆放高度不得超过 2m。

（12）高处、复杂结构模板拆除，应有专人指挥和切实的安全措施，并在下面标出工作面，严禁非操作人员进入工作区。

（13）拆除模板一般应采用长撬杆，严禁操作人员站在正拆除的模板上。

（14）拆模间隙时，应将已活动的模板、拉杆、支撑等固定牢固，严防突然坠落，倒塌伤人。

（15）模板拆除前必须有混凝土强度报告，强度达到规定要求后方可进行拆模。

4、“三宝”、“四口”、“五临边”的防护

（1）施工人员进入施工现场必须正确使用“三宝”（安全帽、安全带、安全网）。

（2）施工单位必须做好“四洞口”（楼梯口、电梯口（垃圾口）、预留洞口、井架通道口）防护。

（3）施工单位必须做好“五临边”的防护（尚未安装栏杆的阳台周边、无外架防护的屋面周边、框架工程楼层周边、上下通道（斜道）两侧边、卸料平台的侧边等）。

（4）变配电所、乙炔站、氧气站、发电机房、锅炉房等易发生危险的场所，应在危险区域界限处设置围栏和警示标志。非工作人员未经许可不得入内。挖掘机、起重机、桩机等大型机械作业区域，应设立警告标志，并在工程项目现场采取必要的安全措施。

5、施工临时用电

（1）施工临时用电必须严格执行《施工现场临时用电安全技术规范》（JGJ46-2005）、《建设工程施工现场供用电安全规范》（GB50194-93）、《建筑施工安全检查标准（JGJ59-2011）等规定。

（2）施工单位制定施工临时用电方案并通过监理单位评估通过认可。

6、防火管理

（1）施工作业面必须设置必要的灭火器材，消防用水水压必须保证能将水送到施工作业面上。

（2）现场电焊、氧气乙炔切割操作必须统一管理，在操作之前必须办理审批手续（一般由总包单位审批）。焊接、切割时周围和下方须采取防火措施，并有专人监护。电焊、切割周围不得堆放易燃、易爆物品。

（3）施工现场必须设置符合要求的消防环形通道，配电房的通道必须畅通，以便火灾发生时，能够及时拉闸断电。

（4）未安装减压装置的氧气瓶严禁使用。

四、管理工作方法及措施

（一）管理主要工作方法

1、施工单位企业资质审查要点

（1）施工单位的企业资质是否满足工程建设的需要。承包单位必须根据建设部《建筑企业资质管理规定》（建设部令第 87 号）中的要求在规定的资质范围内从事经营活动不得超过服务范围经营。管理机构必须注意是否有弄虚作假、超过资质范围经营或冒名挂靠等情况。

（2）根据建设部第 128 号令规定，施工企业三类人员（企业负责人、项目经理、安全管理人员）应当取得安全培训、考核合格证书。管理机构需要审查施工企业有无接受转让、冒用或使用伪造、过期安全生产许可证，项目经理、安全员有无有效合格证书。

（3）施工单位安全管理体系是否完整、健全。施工单位进场后，应向管理机构报送安全管理体系的有关材料，包括安全组织机构、安全生产责任制度、各项安全生产制度、安全管理制度、安全教育培训制度、安全技术交底制度、安全操作规程、安全管理人员名单及分工、对所承担的工程项目的定期、专项安全检查制度等。还应包括保证施工安全生产条件所需资金的投入。

（4）施工单位特种作业人员（如电工、焊工、爆破工、架子工、塔吊司机、机操工等）资格证、上岗证情况。

2、施工组织设计（专项施工方案）审查要点

（1）施工组织设计（专项施工方案）编制、审批手续是否齐全。一般编制人、审核人、批准人签字和施工机构盖章齐全，施工组织设计和重要的专项施工方案（如临时用电方案、基坑支护与降水方案、模架搭设方案等）应有施工单位（企业法人）技术负责人签字有效。

（2）施工组织设计（专项施工方案）主要内容齐全。内容包括质量保障体系、安保体系、施工方法、工序流程、进度计划安排、人员设备配置、施工管理及安全生产、劳动保护、消防、环保对策及其新材料、新工艺、新技术的应用等，达到一定规模的危险性较大的分部分项工程还要有安全技术措施的计算书并附具安全验算结果，而且，还要审查应急救援预案是否符合要求。

（3）施工组织设计（专项施工方案）应符合国家、地方现行法律法规和工程建设强制性标准、规范的规定。

（4）施工组织设计（专项施工方案）的合理性。如有必要，其计算方法和数据应注明其来源和依据，选用的力学模型应与实际情况相符；施工方案应与施工进度相一致，施工进度计划应正确体现施工的总体部署、流向顺序及工艺关系；施工机械设备、人员的配置应能满足施工开展的需要；施工方案与施工平面图布置应协调一致，等等。

（5）工程发生大的变更、施工方法发生大的变化，应重新编制施工组织设计（专项施工方案），并重新报送管理机构审核批准。

3、如何发现施工安全隐患

（1）施工单位违反强制性规范、标准而施工的；

（2）施工单位未按设计图纸进行施工的；

（3）施工单位无方案施工或未按施工组织设计、专项施工方案施工的；

（4）施工单位未按施工规程施工的、违章作业的；

（5）施工现场出现安全事故先兆的（如基坑漏水量加大、边坡塌方；脚手架晃动；配电箱漏电、局部发热、打火等）；

（6）施工现场出现管理经验可以判断的安全事故隐患的（如发现脚手架拉结点被拆出了一些；配电箱接地线短路；大型施工机械设备未经安检投入使用等）。

发现隐患的工作，要靠管理机构全体人员共同完成，由总监牵头抓，专职安全管理人员重点抓，其他人员在日常的管理活动中，要做有心人，注意发现施工现场是否存在安全事故隐患的问题。

4、发现安全隐患的处理（专项施工方案）

（1）当发现安全事故隐患时，管理人员应判断其严重程度，并立即向管理总部及总管理工程师报告。

（2）对于一般性的安全事故隐患，管理机构应签发《管理工程师通知单》，书面要求施工单位立即进行整改；对于严重的安全事故隐患，总监应立即要求施工单位暂停施工，并签发《工程暂停令》书面指令施工单位执行整改。

（3）施工单位整改结束，应填报《工程复工报审表》，经管理机构检查验收合格同意后，方可恢复正常施工。图 2 为安全隐患处理程序示意图。

5、发生施工安全事故后的管理工作

（1）发生施工安全事故后，总监应即签发《工程暂停令》，要求施工单位立即停止施工、排除险情、抢救伤员、并防止事故扩大。

（2）督促施工单位按照国家有关伤亡事故报告和调查处理的规定，及时、如实地向有关主管部门报告。

（3）要求施工单位，做好现场保护和证据保全工作。

（4）协助做好事故调查，协助分析事故原因、调查事故损失情况。根据需要，提供相关合同、图纸、会议纪要、施工记录、管理日记等有关资料。

（5）根据上级部门的要求，及时写出事故报告。报告一般应包括事故发生的时间、地点、事故严重程度、人员伤亡、经济损失；事故的简要经过；事故原因的初步分析；抢救措施和事故控制情况；附表（按国家、主管部门要求的表格如实填写）；被告人情况和通信联系方式等。

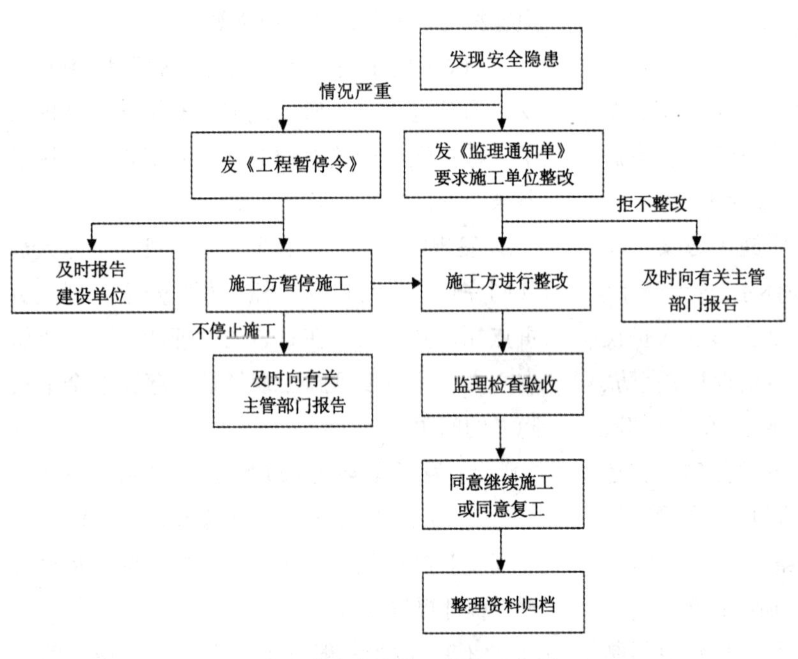

图 2　安全隐患处理程序示意图

（6）注意收集、整理有关管理机构自我保护方面的资料。

（二）管理主要工作措施

（1）认真贯彻"安全第一、预防为主、综合治理"的方针，督促施工单位自觉执行国家现行的安全生产的法律、法规和政府主管部门的安全生产规章制度、规范标准。

（2）检查施工单位建立的安全管理制度，监督工程承包单位的安全管理体系正常运转，管理网络要健全，安全员要坚守岗位，安全责任制、奖罚制度要上墙，并便于操作，确保工程实施过程中不发生重大安全事故。

（3）施工组织设计、施工临时用电和下列分部分项工程，要求施工单位编制专项施工方案，并附具安全验算结果，经施工单位技术负责人签字后上报管理部门，经专业管理工程师审核并由总管理工程师签字后实施。管理审查的重点：一是施工组织设计和专项施工方案的安全技术措施是否符合工程强制性标准的规定；二是施工单位技术负责人是否已经审查批准并签字认可。实施中，施工单位专职安全生产管理人员应进行现场监督。

①基坑支护降水工程；②土方开挖工程；③模板工程；④起重吊装工程；⑤脚手架工程；⑥拆除、爆破工程；⑦国务院、建设行政主管部门或其他有关部门规定的其他危险性较大的工程等。

（4）在实施管理过程中，发现存在安全事故隐患的，应当要求施工单位整改；情况严重的，应当要求施工单位暂停施工，并及时报告建设单位。如施工单位拒不整改或不停止施工者，应及时向有关主管部门报告。

（5）督促承包单位每周上报安全检查周报并一一记录。对检查出来的安全隐患问题，都要及时作出整改安排。

（6）不定期召开安全专题会议，明确组织单位、确定检查频次、定下参加单位、分析安全形势、处理安全问题等。加强工程现场的安全生产管理，以达到安全预控目标。

建设工程合同变更与解除行政监管相关问题研究

孙 凯

（北京市建设工程招标投标管理办公室，北京 100083）

摘 要：建设工程合同由于自身特点，较易发生变更。对建设工程合同变更与解除实施行政监管，既是维护经济秩序、规范建筑市场行为的需要，也是维护招投标工作严肃性和保障招投标成果的重要手段。目前，各地政府在如何实施有效监管上不断积极探索，但同时也面临着很多监管上的难题。本文将主要从合同变更、解除的法律依据、形成原因及分析、行政监管风险及难点、相关建议等几个方面来进行探讨，以期能给读者带来一些参考。

关键词：建设工程；合同履行；行政监管；招标投标

建设工程合同易发生变更，建设工程自身的复杂性决定了在合同履行过程中各种不确定因素过多，项目急于开工、前期准备工作不充分等原因致使合同的订立缺乏严密性，以及合同双方出于各自的利益诉求等原因都可以导致变更或解除。然而，建设工程合同不同于一般的民事合同，其订立和履行受到国家的严格管理和监督，其变更和解除不能简单套用合同双方当事人协商一致后即可变更的原则，同时，中标合同的订立过程就是招投标过程，其变更与解除必须接受招投标法律法规的约束[①]。除法律因素外还有社会因素，作为建设工程合同标的，建设工程具有造价金额庞大、技术复杂、参与主体众多、社会影响面大的特点，如地铁、保障性住房等工程更是提升城市影响力、关系国计民生的重大项目，承担了重要的政治使命与社会责任[②]。可以说，建设工程合同的履行已不能单纯地概括为合同订立双方的市场行为，其巨大的辐射效应以使之已成为包含相关各方市场主体、使用者（受益群体）、政府、社会多方参与的大博弈，其变更或解除更当慎之又慎。

目前，关于如何对建设工程合同变更、解除实施行政监管在法理上尚存在一些争议，配

---

① 建设工程合同行政监管的对象主要指进入有形建筑市场招投标或交易的工程，本文特指经招标、投标、评标、中标形成的施工合同。

② 轨道交通、保障性住房等民生类工程通常带有政治性，加上工程本身时间紧、任务重，更容易发生因前期紧张等因素而导致施工过程中存在大量的变化因素，因此也更加容易产生变更。

套制度不健全，各地政府对变更监管的介入深度、程序设计也是因地制宜、量体裁衣。对建设工程合同变更、解除的行政监管是市场自控为主、行政监督为辅，还是主动介入、防微杜渐？笔者不揣浅薄，对上述问题谈一下自己的看法。

一、合同变更

（一）法律规定和监管标准

1、《合同法》、《招标投标法》有关规定的整体性理解

经招投标形成的合同不仅受《合同法》的约束，也受《招标投标法》的约束，两部法规对合同变更有着各自的限定：按照《合同法》第七十七条："当事人协商一致，可以变更合同。法律、行政法规规定变更合同应当办理批准、登记等手续的，依照其规定"的规定，合同双方当事人经过协商后，是可以变更合同的，但行政法规对变更合同有要求的，应当从其规定；根据《招标投标法》第四十六条："招标人和中标人不得再行订立背离合同实质性内容的其他协议"的规定，不能改变中标合同的实质性内容。

虽然《招标投标法》首次提出"实质性内容"的概念，但未给予解释，包括新出台的《招标投标法实施条例》也未对实质性内容给出更具参考的解读。事实上，关于"实质性内容"目前在我国法律上没有统一的说法，《合同法》第三十条对要约内容的实质性变更可作为参考依据，即"有关合同标的、数量、质量、价款或者报酬、履行期限、履行地点和方式、违约责任和解决争议方法等的变更，是对要约内容的实质性变更"；《招标投标法》第四十三条"招标人不得与投标人就投标价格、投标方案等实质性内容进行谈判"中的投标价格、投标方案、技术要求也可视为实质性内容[①]；08版《建设工程工程量清单》4.4.2款约定"实行招标的工程，合同约定不得违背招、投标文件中关于工期、造价、质量等方面的实质性内容"，将实质性内容的范围进一步缩小。实际上，到底哪些内容属于实质性内容，虽然说法上不尽一致，合同的实质性内容条款也因具体合同种类不同而有所不同，但不得对中标合同作实质性内容的修改，实际上是诚实信用原则的具体要求和体现。对建设工程合同而言，合同的实质性变更是指能对双方责权利产生重大影响的变更，一般指合同价款、工程质量和工期。综合上述思想，笔者认为这种界定更符合建设工程当前现状并便于被市场主体认可[②]。除上述实质性变更之外，建设工程合同还存在履约过程中正常的变更，即法律规定和合同约定允许调整的内容，如工程量变更、风险幅度范围内的价格调整等[③]。

综上，《合同法》与《招标投标法》分别是从民事法律关系和行政法律关系出发的，二者实质并不矛盾，尽管实质性内容的范围上尚未统一，但最终的结果都是对变更的内容要严格限制，建设工程合同变更必须严格遵守法律的规定。

2、地方政策对合同变更的有关规定及备案问题

从合同的实际执行情况看，建设工程合同

---

① 《中华人民共和国招标投标法释义》对该条解释：实质性内容，还应包括技术要求等内容。

② 时任最高人民法院民事审判高级法官程新文在《招投标建设工程"阴阳合同"结算问题的处理原则》提出，按照学界通说，所谓合同实质性内容，是指影响或者决定当事人基本权利义务的条款，一般指合同约定的工程价款、工程质量和工程期限……之所以将合同性内容列为影响合同性质的范围，是因为工程价款、工程质量和工程期限等三个方面内容对当事人之间的利益影响甚大。当事人经过协商在上述三个方面以外对合同内容进行修改、变更的行为，都不会涉及利益的重大调整，不对合同的性质产生影响。

③ 08版《建设工程工程量清单计价规范》要求对价格风险范围、浮动值在合同中约定，并对合同非实质性变更制定了各项要求与执行标准。

履约过程中存在过多不确定因素，当客观情况发生了当事人在订立合同时无法预见的、非不可抗力造成的、又不属于商业风险的重大变化，如审批文件调整、项目负责人无法继续履职等，继续履行合同将对一方当事人明显不公平或者不能实现合同目的，这已成为地方政府在具体的监管工作中无法回避的问题。为了解决这一矛盾，地方政府结合各地实际，纷纷制定了相关的政策条例。北京市建委2008年以规范性文件的形式——《北京市房屋建筑与市政基础设施工程施工合同管理办法》，将项目经理、规模标准、使用功能、结构形式和重大基础处理列为法定变更内容，除此之外的实质性变更均可视为不具备法定事由。江苏省靖江市以价格变更监管作为切入点，规定一次变更5万元以上的应通知市审计、财政、监察等部门到现场共同鉴证，并以鉴证结论作为变更工程价款的依据[①]。湖北省岳阳市制定规则，要求工程发生变更的，要报原项目审批部门批准后方可实施，同时变更内容不属于原合同范围，其增加的工程量超过50万元的，须重新招标，签订新的合同[②]。无论采用何种模式，说明上述地方政府已经对合同变更监管高度重视并采取了具体的监管措施，是建立在市场经济环境中行政监管有所为、有所不为思路上的积极尝试与努力突破。

合同备案体现的是国家对合同行为的干预与监督，变更协议作为中标合同的补充协议，是否需要备案在建设领域尚未给出具体的法律依据。建设部曾经起草过一版《中华人民共和国建筑法（修订征求意见稿）》，其中第三十一条关于合同备案的规定指出："合同发生重大变更的，发包单位应自合同变更后15个工作日内，将变更协议送原备案机关备案。合同发生纠纷的，以备案合同为准"，同时，最高人民法院就《关于审理建设工程施工合同纠纷案件适用法律问题的解释》回答记者提问时指出，如果出现变更合同的法定事由，应当及时到有关部门备案，如果未到有关部门备案，就不能作为结算的依据[③]。不难发现，无论是建设部还是司法部门，都将备案管理视为一种有效的行政管理手段。然而，在上位法未对此做出明确约定之前，对变更协议备案采取什么"力道"是个很难拿捏的事情。由于较难判断变更发生的真实情况，同时出于最大限度降低行政风险的考虑，在实际监管中地方政府往往采取严格把关的原则，以有关部门批准文件作为事实认定的依据，充分做到有法可依、有据可查。以北京市为例，通过《施工合同管理办法》（京建法〔2008〕138号）以及北京市招标办制定的工作标准，对变更协议备案内容、前置条件与办理流程进行了详细的约定[④]（表1）：

综上，已对合同变更实施行政监管的地方政府，一方面要求合同变更必须严格遵守程序并签订协议，另一方面对属于备案办理事项给出了严格的设定，以避免行政资源的滥用。

（二）合同变更具体情况和原因分析

笔者通过走访各地，近两年陆续浏览过多份合同变更协议，为更好地分析问题，采取了部分具有代表性的样本，得出以下结论：

1、直接原因分析

合同履约过程中许可审批文件调整是产生变更的一大原因，尤其以规划许可证调整最为

---

① 靖江市通过出台《靖江市工程建设项目标后监督管理暂行办法》、《靖江市政府投资建设项目监督管理规定》、《靖江市政府投资重大（重点）建设项目监督管理责任追究暂行办法》系列文件，打造多部门联动的监管制衡体系。

②《岳阳市加强对工程建设项目变更监督管理暂行规定》对变更内容、部门分工和处理方式给出明确界定。

③ 事实上，《解释》已把是否经过有关部门备案作为判断"白合同"与"黑合同"的标准，这无疑是对政府合同备案监管提出了更高的，同时也是更艰难的要求。

④ 详细的工作标准参见北京市招标办网站：www.bcactc.com

变理协议备案内容、前置条件与办理流程 表1

	事项	办理条件	依据
1	项目经理变　更	合同双方对变更无异议，并签署变更协议；协议中要注明："新项目经理的业绩和信誉不低于原项目经理"	138号文第二十五条
2	规模标准变　更	（1）项目许可审批文件（立项、规划许可证等）发生规模标准、使用功能、结构形式、重大基础处理变更的，提供由原许可审批部门出具的变更后的批准文件； （2）经执法机构检查发现并核实发生规模标准、使用功能、结构形式、重大基础处理变更的，提供执法机构开具的情况说明、处罚文书或建议书； （3）经诉讼或仲裁后，提供由法院或仲裁机构出具的已发生法律效益的判决、裁定	138号文第二十三条："工程项目的规模标准、使用功能、结构形式、重大基础处理等发生变更的，发包人、承包人应当签订变更协议。发包人应当自签订变更协议之日起七日内持有关部门批准文件及变更协议到市或者区县建委备案。"
3	使用功能变　更		
4	结构形式变　更		
5	重大基础处理变更		

常见，多为建设规模发生变化、楼号调整、项目名称改变、管线位置改动等。二是因土地使用证及各类开发许可证件调整也会导致合同变更，例如在某项目中，由于各类许可证件已将建设单位从一方变更到另一方名下，经三方协商后将合同中的权利义务一并移交。三是项目负责人、项目总监变更较为普遍。虽然部分省市对上述人员变更制定了非常严格的限制①，甚至明令禁止，但从总体上看，这还是短期内难以克服的一个问题。四是施工条件发生改变，导致工期、价款进行相关调整，这也是施工现场最为普遍的变更类型。

2、深层原因分析

不能否认的是，与其他合同相比，建设工程合同更容易产生变更，是建设工程由于自身的复杂性，导致合同履行过程中有很多不确定因素，存在变更合同的法定事由。二是前期准备工作不充分、招投标未起到应有作用等原因致使合同的订立缺乏严密性，导致需要通过变更进行纠偏、调整。三是社会诚信体系的缺失，导致合同履行效果不佳，当事人双方出于保护自身利益的需要，希望通过办理合同变更的方式将行政主管部门拉入作为"见证人"或"挡箭牌"。四是合同订立双方严重不对等，建设单位利用买方市场优势，最大限度向施工单位转移自身风险或提出过高要求，如对项目经理提出过高要求导致项目经理更换频繁等。

二、合同解除

（一）法律依据和监管标准

（1）《合同法》规定了合同当事人可以事前约定解除权、事后协商解除，也可以行使法定解除权，但同时规定"法律、行政法规规定解除合同应当办理批准、登记等手续的，依照其规定"。与《招标投标法》明确提出不得变更实质性内容的要求不同，现行行政法规对建设工程合同解除缺乏足够的关注，尤其是经招投标形成的合同解除必须满足什么条件未进行限定。地方政策对合同解除的规定多体现在必须签署解除协议、未解除不得再次发包以及必须办理备案上。

（2）在行政监管工作中，可以因地制宜根据监管需要，提出具体的工作标准。以北京为例，北京市招投标与合同监管部门对合同解除工作

① 如以江苏为代表的南方部分省市采取项目负责人、项目总监、关键岗位人员"押证"上岗制度，工程竣工后方可退回。

标准包括：解除合同的，必须签订并提供合同解除协议；任何一方存在异议的，可以请求人民法院或者仲裁机构确认解除合同的效力，判决或仲裁结果书与解除协议一样，都可以视为双方的最终意思表示；签署解除协议后，必须办理合同解除备案。同时，解除协议里必须体现合同的履行状态、无法继续履行的原因、是否存在工程款拖欠情况以及解除后的权利义务等关键内容，并提供必要的证明材料，如双方往来票据或信函、工地会议纪要以及监理作为第三方见证人的书面说明等，坚决杜绝无理由解除合同的情况，尽力防止合同解除权的滥用。

（二）合同解除的具体情况和分析

比较具有代表性的合同解除原因包括：甲方资金出现问题无法继续履行的，因工程取消或者设计变更过大导致无法履行的，因拆迁等原因现场迟迟无法开工的，施工单位明确提出无法继续履行合同等等。

从表面上看，资金不到位、开工受阻是合同解除的常见原因，从本质上看，社会信用奖惩机制的缺失，导致履约过程中的失信行为得不到有效的制约，解除合同的“代价”很小，以及双方对招投标结果互不认可产生的“积怨”：甲方通过谈判或者在合同履行期间找各种理由拖欠工程款达到解除合同的目的，或者施工单位为弥补招投标阶段的不利地位不履行合同，恶意索要等，都可能最终导致合同解除。

三、变更、解除与上下游监管环节的关联

合同变更、解除监管是建筑市场监管整体工作的一部分，有必要对其与上下游监管环节之间的关系进行分析。从监管的角度看，合同变更、解除是建设工程标后监管的重要内容，起到的是承上启下的作用。合同变更、解除监管作为从有形建筑市场监管向施工现场监管延伸的一种手段，既是对备案监管的进一步深化，又是对合同履约工作的拓展。因此，从理想化角度，一切经过招投标且合同备案的项目发生变更、解除的，均应纳入监管范围，监管部门应当掌握合同订立后发生的真实情况。但是对哪些属于法定变更、解除并进行备案监管的，哪些以掌握情况为主、可以采用信息抄报或告知的必须有所区分，并采用不同的监管标准。笔者在此提供一种思路：首先，在上位法缺少规定的现实条件下，实施备案监管的，必须对变更类型、备案的条件给予严格的限定，并且要在审查过程中严格把关，做到有据可查；其次，对法定变更之外的其他各类变更情况也要掌握，进而提升合同履约监管效果，发生这些变更后当事人要及时将变更信息抄报或抄送给相关监管部门[①]。

四、当前监管工作的行政风险和难点

（1）从监管的实施看，合同变更、解除属于民法范畴，政府监管缺乏法律的支撑，管得多，会被认为越位；管得少，又会被认为不作为，管理尺度很难把握；需要在法律源头上给予监管工作“合法”的地位，并赋予一定的权限和监管手段。

（2）目前《招标投标法》等行政法律法规对于法定变更、解除的范围、合同变更解除如何备案等无具体规定，地方法规、规范性文件不能突破上位法，《招标投标法》中不得变更实质性内容的规定始终是悬在头上的达摩克利斯之剑，对于依法变更的受理范围、监管标准应当慎重考量，不宜冒进。

---

① 地方政府可以结合实际监管力量，先将依法变更、解除的内容进行严格限定，并采取严标准；对其他变更情况的掌握，可以视条件逐步实施。

（3）在遇到具体问题时，行政监管部门与司法机构经常存在分歧，最高人民法院于2004年10月25日颁布实施的《关于审理建设工程施工合同纠纷案件适用法律问题的解释》中关于将备案合同作为结算依据的规定大大提升了行政监管难度。

（4）合同备案监管与合同变更、解除监管不同，合同是经招投标活动形成，合同备案是对招投标结果的确认。但在合同变更、解除监管过程中，由于存在过多的场外因素，监管部门有时很难从合同双方得到真实的信息，显著增加了监管工作的难度。因此在监管实施中，不宜轻易扮演"裁判员"的角色，对事实的认定应当依据有关部门的批准文件，做到有据可查。

五、需要解决好的几个问题

（1）结合监管需要，明确合同变更、解除的指导思想、基本任务；对可以依法变更、解除的项目类型、受理范围、审查标准等内容上达成统一意见。

（2）进一步完善和规范招投标程序，加大对招投标前期资料的审核力度，切实提高合同签订质量，减少合同变更发生的概率。

（3）在合同履行过程中加大执法力度，对违法违规行为形成威慑，维护备案合同的严肃性。

（4）加强监管部门之间的联动，构建发改、国土、规划、建设、财政、审计、纪检监察等多部门的联动机制与信息共享机制，对合同变更、解除行为形成多方制衡。

六、小结

招投标监管与施工现场监管之间需要通过互相支撑和有效互动形成整体监管效果，合同变更、解除监管正是起到了这样一个桥梁作用，既适度制约了上游招投标环节，又充实和完善了下游的合同履约监管工作。加上当前不断推进的招投标改革和合同履约工作的不断成熟，行政部门在最大程度规避行政风险的同时创造性地开展工作，双管齐下，必能收到良好的监管效果。

参考文献

[1] 中华人民共和国合同法.

[2] 中华人民共和国招标投标法.

[3] 招标投标法实施条例.

[4] 中华人民共和国招标投标法释义.

[5] 建设工程工程量清单计价规范 GB50500.

[5] 程新文.招投标建设工程"阴阳合同"结算问题的处理原则.民事审判指导与参考,2004(4).

[6] 北京市房屋建筑与市政基础设施工程施工合同管理办法（京建法〔2008〕138号）.

[7] 靖江市工程建设项目标后监督管理暂行办法，靖江市政府投资建设项目监督管理规定.

[8] 岳阳市加强对工程建设项目变更监督管理暂行规定.

[9] 建设部政策法规司.中华人民共和国建筑法（修订征求意见稿）.2004.

[10] 关于审理建设工程施工合同纠纷案件适用法律问题的解释.

[11] 朱树英.工程合同实务问答.北京：法律出版社.

[12] 青岛市建筑工程项目标后跟踪管理办法.

央企A公司走出去业务探析

霍景东

（中国社会科学院工业经济研究所，北京 100836）

摘　要：当前国际经济结构正在发生深刻变化，我国的国际影响力和话语权不断提升，为我国企业“走出去”创造了良好条件，走出去成为中国企业参与全球化分工的必然选择。作为中国经济的支柱，中央企业有责任、有义务在“走出去”过程中发挥主力军作用。本文分析了央企A公司“走出去”的业务领域、区域布局特点等，并总结了A公司走出去对我国企业的启示。

关键词：走出去；对外投资；劳务输出

全球化背景下，跨国公司成为经济全球化的重要推动力量，企业参与到国际化进程中，已经成为必然。党的十七大报告明确指出：“坚持对外开放的基本国策，把‘引进来’和‘走出去’更好地结合起来，扩大开放领域，优化开放结构，提高开放质量，完善内外联动，互利共赢、安全高效的开放型经济体系，形成经济全球化条件下参与国际经济合作和竞争的新优势。”“走出去”战略是党中央、国务院根据经济全球化新形势和国民经济发展的内在需要做出的重大决策，是发展开放型经济、全面提高对外开放水平的重大举措，是实现我国经济与社会长远发展、促进与世界各国共同发展的有效途径。当前国际经济结构正在发生深刻变化，我国的国际影响力和话语权不断提升，为我国企业“走出去”创造了良好条件，作为中国经济的支柱，中央企业有责任、有义务在“走出去”过程中发挥主力军作用。A公司作为中央级的投资控股公司，审时度势，加快推进“走出去”业务布局，以海外资源开发和基础设施建设为直接投资方向，优化调整贸易种类和范围，加大国际工程承包、成套设备出口、租赁经营的范围。A公司是多元化的公司，“走出去”的业务分布在公司的各个领域，但总体来讲可以分为对外投资、国际贸易、国际劳务输出和对外援助。

一、走出去的主要业务

（一）对外直接投资

对外直接投资是走出去最主要的方式之一，A公司根据自身的优势和国际市场的变化，主要在汽车零部件产业、水泥建材业、制糖业等方面，加大对外直接投资力度，在局部实现突破。

1、水泥建材业

近年来，我国水泥产量保持了较快增长，2011年水泥产量20.85亿吨，但水泥生产能力28.97亿吨，水泥行业产能过剩的状况逐渐凸显，因此国家对水泥行业发展实行淘汰落后产能、抑制新建产能和促进行业整合并举的政策，同时鼓励国内水泥企业赴境外投资水泥项目。

在这样的背景下，A公司积极寻求机会，在海外布局水泥建材项目；同时，印尼政府也希望我国企业建设水泥项目，因此选择在印尼建设水泥项目。该项目在印尼东部第6大经济走廊中心位置，设计产能300万吨/年。它的建设填补了印尼东部没有水泥厂的空白，对该地区经济发展至关重要，而且会有力地促进当地经济快速增长，为当地居民带来良好的工作机遇，提高当地人民的生活水平，并通过税收给政府带来财政收入，同时带动周边经济发展。印尼西巴布亚水泥项目的是A公司"走出去"战略的重要举措，也是配合中国周边外交战略，履行两国政府间承诺，促进印尼东部地区发展的重要项目，项目的成功实施将为A公司在印尼的长远发展打下良好基础。

2、汽车零部件产业

汽车零部件产业是典型规模经济行业，A公司作为中国汽车油箱龙头企业，仅靠国内市场是不足以支持企业长期快速可持续发展的。A公司根据其技术优势，致力于成为一个全球范围内提供服务的供应商，成为全球汽车燃油系统的领导者，因此开始探索走出去的道路。

A公司最早的走出去的方式是出口，2003年，其生产的油箱开始陆续出口中国台湾地区、马来西亚、菲律宾和南非等国家，成为中国唯一一家批量出口轿车塑料油箱的企业，在探索、开拓国际市场的道路上坚定地走出了第一步。出口虽有助于扩大生产规模，提高产品质量，获取新的利润源，但是随着人民币升值，成本优势很难长久保持，而且塑料油箱体积较大、重量轻，长途运输的物流成本大。从战略眼光看，出口并非长久之计。其后A公司开始探索技术转让的方式。2005年，向印度ZAAPL公司转让油箱技术，帮助印度ZAAPL公司在印度本土开发用于印度国内汽车工业配套的塑料油箱。A公司在走"开放式合作，自主发展"的国际化道路上又迈出了重要的一步，实现了中国汽车塑料油箱行业从引进、消化、吸收国外技术到向国外转让技术的转变。对外技术输出虽然可以获得技术转让费，也有益于扩大品牌的国际影响，但是转让技术、技术合作不是投资的经营方式，长期收益难以保证，因此A公司开始进行海外并购和海外建厂。因此A公司选择了坚持服务国际大客户战略，将海外市场定位在新兴国家，利用技术优势和低成本优势，利用资金和人力资源积极拓展与中国发展背景相似的印、俄市场，优先考虑在印度、俄罗斯、东欧等汽车新兴市场布局建厂，在该区域市场形成优势地位；而对北美和南美市场则采用非持股的战略联盟形式，实现战略合作和优势互补。2007年，与印度ZOOM公司合作，建立YAPP-ZOOM汽车系统私人有限公司，成为中国汽车零部件企业在印度投资建厂的第一家企业，以合资控股的方式进入印度，实现了以技术换市场和海外发展"三步走"的战略构想；2010年，为了满足日益增长的市场需求，建设印度普奈工厂。同年，收购接管澳大利亚Nylex集团的燃油箱系统业务单元（FTS）；2011年，俄罗斯汽车系统有限公司在俄罗斯卡卢加市投产；2012年，捷克工厂投产，为大众汽车全球新平台项目提供欧洲市场配套。

从2003年的产品出口，2005年的技术输出再到2007年的海外建厂，A公司的汽车零部件产业"走出去"实现了历史的突破；先后在全球新兴市场建设了5个工厂、一个欧洲工程中心和一个跨国战略联盟体，跨国发展的雏形基本形成。2011年，海外市场的销售收入已占到总销售收入的10%以上。

3、制糖业

A公司从全球糖业格局出发，布局海外糖业的发展。全球糖业发展的格局主要呈现出以下特点：一是食糖是生活必需品，其需求弹性较小，全球糖业产量和消费量长期保持持续增长的趋势；二是全球生产食糖的国家众多，但地区分布不均，产销量存在较大的地区差异，食糖贸易成为全球调节余缺的重要手段。全球生产糖的国家超过100多个，其中前10大产糖国（地区）的总产量占全球总产量的74.07%，占全球消费量的60.11%，地权分布不均，集中在少数产糖大国。按照生产糖的原料分类，蔗糖约占全球糖产量的81%，蔗糖主要产自热带和亚热带地区。三是全球食糖消费地区差异较大，亚洲和南部非洲地区存在很大的市场潜力，随着经济发展，上述地区将成为未来拉动糖业进一步发展的主要市场。四是糖业是一个资本密集型和劳动力密集型产业，食糖是涉及国民生计的商品，是一个高度政治化的大宗商品。五是全球食糖产量巨大，贸易量虽不到总产量的1/3，但却决定了全球糖业市场的价格。

基于对全球糖业大势的判断，A公司了加快了在全球糖业布局的步伐，在全球布局同样是一个循序渐进的过程。1997年，A公司接管了木伦达瓦糖联项目，以租赁经营的方式盘活难以为继的糖厂；2007年，双方继续深化合作，将昂比卢贝糖联和那马吉亚糖联纳入租赁经营合作范围。2003年，对马格巴斯糖联合作；同年，与贝宁、尼日利亚两国政府正式签订萨维糖联租赁合同。2008年，在马达加斯加合资设立马达加斯加西海岸糖业股份有限公司，从事马达加斯加两家糖厂的租赁经营，白糖和食用酒精的生产和销售业务。2011年，以900万美元收购了Frome、Monybusk和Bernard三个糖厂。A公司还在埃塞俄比亚和多哥等国家开展制糖成套设备出口业务。截至2011年末，A公司经营管理着8个境外糖联项目，农场面积达48000多公顷，设计产能达到年产糖酒33万吨。

通过境外糖业投资和租赁经营业务的发展，销售收入大幅增长。同时，公司业务开始涉及资本市场，盈利模式开始由原来的“靠资产经营获取经营利润”向“通过资产经营获得经营利润以及通过资本运作获取投资收益”转变；境外糖联企业管理模式开始由原来的中方“一统式管理”逐步向中外融合的“属地化管理”转变。

（二）对外贸易

对外贸易是走出去的另一个重要途径，A公司坚持大宗商品的国际贸易格局，构筑基础性、资源性商品为核心的新业务体系，推进现货贸易与期货贸易相结合、贸易与实业相结合、国内市场与国际市场相结合的经营模式，力争成为国内外有影响力的国际贸易企业。重点领域是以下两个方面：

一是以“棉、粮、油”为新的贸易。2011年，进出口总额达12.49亿美元，比2007年的3.9亿美元增长2.2倍；营业收入超过120亿元，比2007年的50亿元增长1.4倍，与100多个国家和地区有着贸易往来。公司的羊毛进口量始终保持国内第一，棉花棉纱进口经营量位居全国前五位，部分高端油脂和粮食品种进口经营量在国内市场已占有重要份额。在贸易服务领域，公司主办的中国国际毛纺原料交易信息交流会，已成为具有国际影响力的重要会议，参加会议的全球主要产毛国的政府官员、官方机构和国内外知名企业负责人已超过700人。

二是成套设备出口，产品涵盖国计民生各个方面，包括机械、农产品、纺织品、轻工产品、钢材、文化产品、教育用品、化工产品、五金、建材等。如向印度尼西亚提供教学船，向几内亚提供广播及电视转播车，向柬埔寨提供施工机械设备，向朝鲜提供包装线设备，向智利、巴西、阿根廷等国家出口COMPLANT牌电子式电表，同时从芬兰进口消防车，从德国进口防化洗消车等。

（三）对外劳务输出和对外援助

A公司的对外劳务输出涉及工业、农业、电力、交通、基建、卫生等诸多领域，建设者的足迹遍布亚、非、拉大地，为项目所在国的经济发展、技术进步、人民生活水平的提高做出了贡献。建设完成的项目包括：安提瓜医疗中心，建筑面积 21000m^2，是安提瓜最大、最具综合性的医院；特凯岛海滩酒店；莫桑比克总检察院办公楼项目；塞内加尔国家大剧院，建筑面积为 20671m^2，观众席 1800 座，是一座以歌舞剧表演为主，兼顾影院和会议场所功能的大型剧院；蒙特哥贝会展中心；孟加拉日产 800 吨磷酸二铵化肥厂项目等。

另外，A 公司向 32 个国家提供 50 多个物资援助项目的任务，累计金额达 11.5 亿元人民币。

二、A 公司走出的特点

（一）在区域上，以非洲、亚洲和拉美地区为重点

A 公司走出区主要在牙买加、塞内加尔、约旦、印度、斯里兰卡、乌干达、毛里塔尼亚、埃塞俄比亚、孟加拉、莫桑比克、坦桑尼亚、缅甸等重点国别市场。区域布局符合全球产业梯度布局的规律，一方面这些国家和地区资源丰富，人口众多，土地、劳动力成本低廉，普遍有与中国合作的强烈愿望；另一方面，这些国家的产业体系特别是工业体系不健全，技术能力较低，因此，我国企业走出去有很大的市场空间。

（二）依托传统经济援助项目促进走出去

A 公司在做好对外项目援助的同时，还提供后续技术援助等工作，在一些项目建成移交后，又组织实施技术合作工作。通过经济技术援助，使企业了解受援国国情、市场需求和资源状况，促进企业与受援国合作，开发当地市场。如利用承担对古巴物资援助的机会，在 1999 年设立了古巴分公司，至今，对古巴的一般贸易已成为公司的一项重要业务，每年向古巴出口商品合同金额保持在 4000 万美元左右。又如通过综合利用经援贷款与政府优惠贷款，公司在吉尔吉斯斯坦、缅甸、孟加拉成功建成了生产型成套项目。

（三）充分利用国家政策支持，促进走出去业务发展

我国有包括对外援助、政府优惠贷款、出口买方信贷等多项支持对外合作的资金政策，同时鼓励利用商业贷款支持对外合作。如 2009 年，国务院出台一项重要的“走出去”扶持政策，通过安排 421 亿美元融资保险，支持大型成套设备出口，A 公司基于这样的政策将成套设备出口到受惠国。

（四）在走出去的同时，重视履行企业的社会责任，实现企业的可持续发展

A 公司在走出去的同时，为了展现负责任的中资企业形象，创造更加和谐的当地环境，所属各糖联企业开展了向非洲所在国当地学校赠送书包文具和体育用品、组织中方员工与当地员工文艺联欢和体育比赛等活动，支持当地公益事业，扩大与当地民众的交流与合作，有的企业还为当地援建了小学校，这样可以树立良好的口碑，有利于业务的开展。

三、A 公司走出去的启示

我们从 A 公司走出去的发展历程和特点可以得到一些启示：一是将区域布局定位在亚、非、拉等地区是我国企业走出去比较现实的选择；利用积累起来的经济实力、技术优势和优秀人才，开辟亚非拉国家的市场，具有现实可行性。二是走出去必须依托国家的战略决策；有良好外交关系甚至有经济援助的地区，投资环境相对较好。三是走出去必须有长远的战略目标，并承担社会责任；企业走出去必须要持之以恒，从长远发展的视角布局产业，并承担社会责任，树立良好的企业口碑和品牌。四是走出去一定要循序渐进，像 A 公司的汽车零部件产业一样，按照“产品出口——技术出口——对外直接投资”的路径逐步深入。

华为海外投资案例分析

黄韵茹　安　然

(对外经济贸易大学,北京　100029)

一、大背景简介

华为技术有限公司（以下简称华为）是总部位于中国广东省深圳市的生产销售电信设备的员工持股的民营科技公司，于1987年由任正非创建于中国深圳。华为现在是全球最大的电信网络解决方案提供商，全球第二大电信基站设备供应商。华为的主要营业范围是交换、传输、无线和数据通信类电信产品，在电信领域为世界各地的客户提供网络设备、服务和解决方案。

华为提供的全球化的经营战略，产品与解决方案已经应用于全球100多个国家和地区，服务全球超过10亿用户，国际市场已经成为华为利润的主要来源。在这样的背景下，积极进行走出去战略，拓展海外市场似乎已成为华为的一种必然的选择。然而，在华为以优异的业绩和雄厚的实力向美国市场进发的时候，却遭遇到了前所未有的阻碍，甚至屡战屡败。这不禁发人深思，这样一家有着绝对优势的优秀企业，带着绝对的诚意，为什么屡屡遭到美国方面的一再打压直至全面的封杀？中国企业又应该从华为的案例中汲取怎样的经验以应对纷繁复杂的国际形势，继续加快走向全球化的步伐？

二、美国政府对华为的担忧与阻挠

华为在美国的投资历程始于1999年，华为在美国设立研究所，专门针对美国市场开发产品和服务。之后三年，华为又在北美设立了北美总部，并在德克萨斯州成立全资子公司FutureWei，进而展开了一系列海外并购活动。但其中大部分重点项目都最终被美国政府叫停，其中包括2008年华为联手贝恩资本收购3Com公司，因未通过美国外资投资委员会（CFIUS）的审查而最终放弃；2010年华为提议收购美私有宽带软件提供商2Wire遇挫以及2011年华为收购3Leaf公司部分资产未获美国外国投资委员会(CFIUS)批准，而最终撤销收购3Leaf公司特殊资产的申请。而以上项目被美方阻止的原因，无一例外，均是“危害国家安全”。这样的在近几年中并未得到缓解，反而愈演愈烈。直至2012年10月8日，美国国会发布报告称，华为、中兴为中国情报部分提供了干预美国通信网络的机会，并建议相关美国公司尽量避免同华为中兴合作，以避免造成知识产权方面的损失。这报告的提出，坚定地表明了美方立场——全面封杀华为中兴。下面分析相关的原因。

（一）网络间谍活动与情报方面涉及美国国家安全的担忧

1、外媒与美国政府

外媒与美国政府一直高呼华为威胁其国家安全，但在美国白宫长达18个月的调查当中，并未发现华为从事间谍活动的证据。而在美国众议院情报委员会的报告中，美方同样未提供确凿的证据指明华为盗取了美国数据，但表示所获得的一个机密附件“提供了更多的信息，加重了他们对于华为或中兴对美国造成风险的担忧。”

这样基于无确凿证据的封杀行为，无疑加重了外界对于此事件的各种猜测，更有多家中国的媒体将美方“国家安全”理由戏称为“莫须有”的罪名。但是，在呼吁美方摒弃偏见、公正对待华为的同时，不得不承认，美方的相关担忧也不是不无道理。华为总裁任正非大学毕业以后曾应征入伍参军，从事军事科技研发工作，并曾以军队科技代表的身份出席过全国科学大会，之后任先生复员转业，下海经商，创立了华为技术有限公司。正是任先生的这一特殊背景，引起了美国政府的猜疑，推断华为因此和中国人民解放军的关系过于密切，从而担忧华为正在建设的网络会被中国情报部门加以利用，而把华为视作中国迅速发展的网络兵工厂的有力武器。另外，美国政府还怀疑包括华为在内的顶尖公司享有政府给予的特殊优惠，例如过多的补贴、低利息贷款和出口信贷。因此，华为与军方关系和与政府关系无疑成为美方关注的焦点。然而，尽管华为方面多次发表声明与公开信，反驳美方声称华为威胁国家安全的调查报告，但要想使美国政府及西方媒体信服其与军方、政府并无关系，仍然是一件非常困难的事情。

2、西方情报机构

西方情报机构素来有擅长利用高科技及通信技术实施间谍活动与情报获取的传统，因此其一直都对于潜在的窃听与网络攻击时刻保持高度警惕，而华为恰好是通信技术领域实力雄厚的企业，于是便不经意间触动了美国家安全神经。有观点认为，这样对于“华为威胁”的恐惧是美方以己度人的结果。以针对伊朗核计划的Stuxnet病毒为例，据美国《纽约时报》证实，这一病毒事件的始作俑者就是美国和以色列，他们利用网络通信技术在网络世界里悄无声息地打了一场没有硝烟的战争，完全凭借网络和通信技术的力量，迅速采集所需信息与数据并对其整体系统进行攻击，于是便迟滞了伊朗的核计划。由此便可看出，美方利用高科技和通信技术获取信息采集情报的能力是不可小视的，因此自然对华为这样一家设计通信领域核心技术的科技公司更是多了一个心眼。

3、华为不透明的所有制结构以及其独特的企业文化

考量了形成“华为威胁论”的外因，我们来审视下华为自身方面的原因。外界对于华为的各种猜疑与其不透明的所有制结构是有密不可分的关系的。就此问题，华为公司在2012年9月中旬在向美国国会做出的证词中如是说道，华为技术有限公司的全资股东是深圳市华为投资控股有限公司，而华为控股是100%由员工持股的私营企业，截至2011年12月31日，华为投资控股有限公司98.7%的股份由65596名员工所持有，任正非持有1.3%，除此之外，没有任何第三方(包括政府)持有华为控股的股份。并且，华为在2012年9月13日的听证会上承认，股东协议赋予只拥有华为1.42%股份的任正非对公司事务的否决权。那么，这样的所有制结构，确实有悖于美国政府管理公司关于增加透明度的基本原则。但是，现阶段的华为采取相关“增加透明度”的做法，例如上市，是否能够解除美国政府对华为的担心与顾虑，还有待进一步的检验。另外，华为独特的企业文化，如饱受争议的“狼性文化”，以及其独具特色的文化管理，都在一定程度上加剧了西方对于华为的担忧。

（二）同行业竞争对手对华为的态度及其潜在影响

众所周知，以思科为代表的美国本土互联网解决方案供应商自华为进入美国市场以来，一直将华为视为其强大的竞争对手，对其采取不友好的打压态度。早在2003年思科便以华为侵犯其知识产权为由向华为正式提起诉讼，长达10年的思科、华为之争从此拉开帷幕。近日，美国《华盛顿邮报》发表了题为"US rivals lobby against Chinese firm"（《美国对手游说反对中国企业》）的文章，文章中指出，思科以国家安全为由参与游说国会进行对华为的审查。同时，近日被披露的思科巨额游说费用也似乎向我们传达着这样的信息：思科想要与"封杀华为"撇清关系似乎成为了一件比较困难的事情。那么，华为究竟拥有着什么，让美国企业如此恐慌？《经济学人》杂志曾指出，"如果说华为等中国公司对西方国家有什么威胁的话，那真正的威胁不是别的，正是华为在同西方本土企业竞争时，已经开始在创新方面领先了。"诚然，华为近几年的迅速发展及不断提升的科研水平使之成长为信息与通信技术领域的具备独立自主创新研发能力的高技术企业，如此的技术优势也成为了对手企业担忧的一大根源，如此便能更好地理解思科鼓动美企不要与华为合作以及游说美政府严格审查华为的行为。

三、华为在欧洲

2012年秋天，当美国国会计划阻止美国电信运营商与华为中兴合作时，任正非先生正在唐宁街10号门前与英国首相卡梅伦合影。一向宣称英国在商业领域很开放的卡梅伦宣布，英国将继续与华为合作，华为将扩大其原本就规模庞大的英国业务，计划在未来五年向英国投资20亿美元，创造700个工作岗位。虽然美国和英国计划在安全问题上展开密切合作，但英国表示，不会因为美国众议院的建议改变与华为的关系。而在欧洲已宣布的超高速4G电信网络的建设中，超过一半的工程有华为参与。华为在英国、欧洲所获得的待遇，与之在美国的遭遇形成了鲜明的对比。华为2011年实现营业收入324亿美元，但只有4%源于美国，而欧洲在其总收入中占比接近12%，并仍在快速增长中。华为去年欧洲市场收入增长26%，达到全球收入增速的两倍多。华为在欧洲的主要合作伙伴包括英国电信、沃达丰、西班牙电信，以及由法国电信和德国电信合资的Everything Everywhere。"欧洲对我们来说就像是第二个本土市场。"华为发言人罗兰德·斯拉戴克曾如此说道。

四、英美态度对比与美封杀华为利弊分析

综上所述，我们可以看到，在对待华为的问题上，英美的处理方式是截然不同的——美极力阻挠全面封杀的同时，英国积极与之合作。美方封杀华为的理由一直都是所谓的"危及国家安全"，但英国对于同样的由于通信技术这个特殊领域所带来的安全顾虑却有着如下的处理：英国的情报机构GCHQ (Government Communications Headquarters) 与华为两年前在英国班布里建立的网络安全评估中心密切合作运营，双方共同对华为销往英国的设备进行全面的逐一审查。这样的彻底审查确实将抬高成本，但相比禁止与中国公司合作而带来的成本上升、价格上涨等损失，这种检查的花费不过是小巫见大巫罢了。然而令人不解的是，作为世界科技头号强国的美国，却无法实现类似的机密安全审查程序和供应链检查系统。于是，有人开始怀疑美国在华为"抱着良好的意愿全力和委员会（众议院常设特别情报委员会）进行公开、透明的合作"的情况下，有意拖延类似于英国的严密安全审查制度建立的进程，持续以"国家安全"为借口，将华为始终拒之于美国大门之外。

美国对华为的"封杀"一定程度上可以杜绝华为潜在的安全威胁，但总体看来，此法弊大于利，并非解决之道。首先，有华为参与美

国市场竞争会带来巨大的经济利益，不仅创造了创造更多的就业机会，更为整个行业的成本降低、技术进步提供良好条件。相反地，封杀华为则会造成巨大的经济损失，实为损人不利己。再者，对华为关上大门，而在网络中采用阿尔卡特或是爱立信生产的设备，这可能会博得政界的好感，但绝不意味着安全得到了保障。华为的竞争对手们大肆鼓吹“华为威胁论”并掩饰自身对于中国分包商和政府补贴以来，这其中确实存在着既得利益。另外，美方对华为的如此封杀，对中企的歧视性对待，以及再次抬头的贸易保护主义，或将引发中美两国的贸易摩擦，而在中美两国领导层换届、世界经济步伐放缓的局势下，这样的不确定因素对两国都是有害的。综上，阻止华为在美市场业务，并非对美国有益无害。

综上所述，美国应该对于对外投资保持开放包容的态度，在建立最有效的安全审查的同时，摒弃对中国企业的歧视与不公正待遇，积极吸引来自中国的优质投资，以确保中美双方利益，规避潜在的贸易摩擦风险。此外，值得一提的是，对于美国来说，对华为关上大门无疑增加了中国对美直接投资分流别国的风险，而这样的分流对美国确是没什么好处的。在2011年5月，由亚洲协会美中关系中心与伍德罗·威尔逊国际研究中心基辛格中美研究所所做的特别报告《敞开美国大门？充分利用中国海外直接投资》一文中指出，“美国的国家安全审查正式程序总体来说是完善的，但目前紧要的任务是保护这一程序免受政治干预。如果不减少政治干扰，本研究报告中列举的诸多中国投资的潜在利益（如创造就业，消费者福利，甚至对美国基础设施更新的贡献）就可能流向我们的竞争对手。”参照华为现阶段海外投资结构，那些原本应该流入美国的投资也都分散到欧洲、澳洲、非洲等其他地区。这对美方、中方、华为自身都不是有利的，也不利于中美贸易与中美合作的发展。

五、结语

华为作为世界上第二大的电信设备生产商和中国民营企业的一面旗帜，在朝着业界领军的方向前进的同时，应积极应对国际形势，调整海外战略，进行海外投资，打造中国国际品牌。具体就美方封杀而言，前商务部副部长魏建国表示，应从三个方面考虑封杀危机的应对之道：“一是企业方面，眼前来看，不能过于急躁，要在想办法阐释自身情况，使美方认识到自身谬误的同时，积极地做好相关媒体的工作；其次，要从长远考虑，中国企业更要从加强研发力量，使之形成企业核心竞争力上做好文章，只有企业的自我创新能力和产品的高科技化才能够使其领先世界潮流；三是在政府方面，建议中国政府对相关美企进行适度的‘敲打’，而使之了解到全球化链条上的联动效应。”而美国则应调整应对策略，在享有潜在利益的同时恰当地处理安全顾虑，积极接纳中方优质投资，并为与中国建立更好的合作关系奠定基础。

参考文献

[1]Who’s Afraid of Huawei,The Economist,Aug 4th 2012, http://www.economist.com/node/21559922

[2]Huawei’s U.S. competitors among thosepushing for scrutiny of Chinese tech firm, The Washington Post, OCT 11th 2012,http://www.washingtonpost.com/business/technology/huaweis-us-competitors-among-those-pushing-for-scrutiny-of-chinese-tech-firm/2012/10/10/b84d8d16-1256-11e2-a16b-2c110031514a_story.html

[3]What Cisco did was not lobbying, TheWashington Post,October 21th 2012,http://www.washingtonpost.com/opinions/what-cisco-did-was-not-lobbying/2012/10/20/d2521a64-193c-11e2-ad4a-e5a958b60a1e_story.html （下转第119页）

中石化成功收购葡萄牙 Galp 能源公司案例分析

汪一鸣

(对外经济贸易大学国际经贸学院，北京 100029)

一、中石化收购 Galp 能源公司的案例回顾

2011 年 11 月 11 日，中石化披露与葡萄牙 Galp 能源公司签署股权认购协议，通过认购增发股份和债权的方式，获得 Galp 巴西公司及对应的荷兰服务公司 30% 的股权。收购 Galp 巴西公司 30% 权益资产价格为 35.4 亿美元，但考虑到增资扩股和部分后续项目建设投资，此次总资金注入约 51.8 亿美元。这也是当年中国石油企业最大规模的海外项目收购，同时也是中石化史上第二大规模的海外收购案。本文就中石化收购葡萄牙 Galp 能源公司的案例进行分析，主要阐述其收购原因，收购成功的条件，收购存在的风险以及给我们带来的启示。

二、中石化收购 Galp 能源公司的原因分析

(一)加强产业链建设，获取上游油气资源

中国石油化工集团公司(简称中石化)是中国最大的石化产品生产商，在中国成品油生产和销售中占有主导地位。但其软肋在于上游油气资源不足，其原油加工能力达到了 2.24 亿吨，但是上游勘探能力却十分有限，众所周知，上游领域一直是中国石化的短板。中国石化的上游业务仅占到全部业务的 20%，产业链条严重失衡，其原油自给率不足 30%。因为大部分原油都靠进口，国际油价的在高位剧烈波动给中石化带来了沉重的负担。所以，中石化有着超出其他石油公司的上游扩张欲望。充实上游油气资源，补足上游“短板”一直是中石化近年来的战略方向。Galp 是葡萄牙最大的石油公司。通过此项收购，中石化将获得 Galp 巴西公司分布在巴西海上和陆上的 7 个盆地共 25 个许可证，33 个区块中持有不同比例的权益，并担当其中陆上 8 个区块的作业者。中石化称，此次收购进一步拓展了中石化在海外的油气业务，将对中石化“十二五”、“十三五”期间油气产量增长做出重大贡献。预计 2015 年中石化可获得的权益产量为 2.13 万桶油当量 / 天，高峰期 2024 年为 11.25 万桶油当量 / 天。通过本次收购，有利于增强中石化上游油气开采业务的实力，增加中石化的油气储备，优化其海上油气资产结构，完善其产业链的建设，减轻原油供应波动对其带来的风险，为其产量的增长奠定了良好的资源基础。

(二)进军海外市场，提升国际话语权

石油作为重要的战略资源，是关系国民经济和社会发展的关键。石油的供求分布来看，“不

平衡”是显著的特征。一方面世界石油供应地过度集中于中东，非洲，南美等地区，另一方面，世界石油消费主要集中在北美、亚太和欧洲三大地区，而这三大消费地区的储量仅占世界的12%，产量仅占世界的25%。随着石油资源日益紧缺，能源对经济发展的制约作用更加突出，国际上对石油的争夺愈演愈烈，甚至不惜动用武力，1991年爆发的海湾战争就是明证。从1993年开始，我国从石油出口国变成石油进口国，我国的石油进口和消费持续攀升，现已成为全球第二大石油消耗国家，仅次于美国，并且还处于上升渠道当中。为了保护国家的经济安全，我们国家必须扩大石油资源的进口渠道，掌控石油价格变化带来的经济风险。尽管国际石油市场风云变幻，进军海外市场是风险和机遇并存，但是中国大型油气公司通过海外并购优化全球战略布局，争取全球话语权是其发展的必由之路。

三、中石化收购Galp能源公司的有利条件

（一）有利的时机

一个成功的并购需要天时、地利、人和。具体说来，就是需要有利的时机，适合的区域和文化的整合。中石化收购葡萄牙Galp公司成功的一个重要条件就是抓住了有利的时机。

石油企业的海外并购并不是一帆风顺的，失败的案例也比比皆是。因为海外并购除了技术风险之外还有政治风险、经济风险等等，风险的来源和变化更加的繁杂和不可预测。例如，中石油收购加拿大天然气扩张项目就因为天然气价格不断升高而最终夭折，中海油在利比亚的业务因内战而停止。此次中石化进军欧洲市场，正是欧债危机大肆蔓延的时候。欧债危机导致欧洲经济下滑，企业资金紧张，急需资金的注入，因此减小了中石化的收购难度，另外欧元的疲软造成人民币相对升值，相对而言中国企业付出的收购成本更低。此次中石化收购Galp巴西公司30%权益资产价格为35.4亿美元，但考虑到增资扩股和部分后续项目建设投资，此次总资金注入约51.8亿美元。可以说，收购价格比前两年收购要合算的多。因此，在欧债危机严重和人民币升值的时机，并购海外油气公司，进军欧洲市场是比较理想的选择。这一成果使得中石化在竞争中占据了优势，有助于其保证原油供应的稳定和抵抗国际原油价格变动的影响。

（二）适合的并购地点

我国资源获取型企业海外并购的目标区域主要集中在资源储量比较丰富的地区，包括澳大利亚、加拿大、美国、西亚及中东、南非和南美洲等地区。这种集中式的区域选择策略势必会引起并购目标东道国的高度警惕，加强对中国并购企业的审查和反垄断。例如华为公司收购美国三叶公司，就遭到了美国以安全审查为由的阻挠。五矿高调收购加拿大Equinox公司，也以碰壁告终。外国政府多以“国际安全”为由，否决中国公司的资源获取性并购。此次中石化收购的葡萄牙Galp能源公司，其油气资源非常丰富，且分布于巴西的海上和陆上盆地。在并购审查方面，并未遭到太多的阻挠，且是中石化曲线进入拉美市场的一个重要契机。安永的海外并购服务主管吴正希对外称，不仅是中国，全球的主要资源企业都在制定宏伟的计划准备“淘金”拉美。拉美是世界上自然资源最为丰富的地区之一，同时也是重要的产油地之一。拉丁美洲的委内瑞拉、墨西哥、巴西、阿根廷、哥伦比亚、厄瓜多尔等国家都拥有着丰富的油气资源。争取到拉美的油气资源这块大宝藏，是全球各大石油公司的重要目标。所以，通过并购Galp这样的欧洲能源公司，与其合作进入拉美油气市场，能够获取拉美丰富的资源，且避免受到美国那样的严格的壁垒，对于中石化打开拉美原油资源的市场，完善全球战略布局

是一个重要的途径。

（三）合理的并购方式

并购中的战略定位及其重要，制定清晰务实的战略定位是收购成功的关键。中国大型油气企业的海外并购方式比较死板，往往提出50%以上的股份要求，希望获得公司的控股权，这样容易遭到被并购企业的反对。另外，中国大型油气企业在海外并购过程中往往采取直接的并购方式，也会引起并购目标东道国警惕和反并购的情绪。因此采取灵活切实的并购方式和战略极其重要，例如可以先通过参股取得少数股权，在得到目标方认可和东道国的同意之后，再增股取得控制权，也可以在遭到壁垒时联合第三方收购目标企业，以规避目标企业的反并购情绪和监管部门的阻挠。中石化此次收购葡萄牙的Galp公司，采取的是签署股权认购协议，通过认购增发股份和债权的方式，获得Galp巴西公司及对应的荷兰服务公司30%的股权。这样的并购方式较容易通过监管部门的审查，不会遭遇到政治势力和民族保护主义势力的激烈阻挠。

（四）海外并购经验的积累

知己知彼，百战不殆。在海外并购中，需要丰富的经验和充分的准备。近年来，中石化频频出击，进行了多项海外并购。2008年12月16日，中石化以约136亿人民币收购加拿大Tanganyika石油公司。2009年，中石化以72亿美元成功收购瑞士Addax石油公司，一度刷新中国企业海外油气收购纪录。2010年，中石化以46.5亿美元收购美国康菲石油公司拥有的加拿大油砂开采商辛克鲁德有限公司9.03%股权，又以71亿美元收购西班牙雷普索尔40%股份，另外还以163亿元人民币收购为美国西方石油公司位于阿根廷的子公司。2011年，中国石化完成三次海外收购：先是收购加拿大日光能源所有普通股股份，接着收购壳牌持有的喀麦隆派克唐石油公司80%股份，后是斥巨资收购葡萄牙Galp能源公司巴西公司的股份及对应的荷兰服务公司30%的股权。近五年来，中石化不断加大海外并购力度，通过多起并购积累了丰富的并购经验，培养了一批对精通国际化运营和国际规则的综合性人才，才使得中石化在并购前的资产评估、并购中的交易谈判、并购后的运营整合等方面都显得游刃有余。

四、中石化收购Galp公司风险分析

大型油气企业的海外并购具有高风险性，与一般的国内并购相比，海外并购具有规模大，合作范围广，支付方式多样，涉及不同国家政策法规，受到国际政治和经济形势影响等特点。中石化的并购虽然能带来诸多好处，但是其潜在的风险也是应当注意的。

政治风险是海外并购最大的，最不可预测的风险。这包括外交变数及东道国开放政策变化等等。石油资源是重要的战略资源，所以格外受到监管部门的重视。而且由于中石油是国有企业，其海外并购往往被认为有国家的支持，这就更增加了政治风险压力。近年来. 一些西方国家制造和散布“中国石油威胁论”，有意排挤和限制中国石油企业的海外扩张。中石化应当谨慎面对政治风险问题，在并购前、并购中和并购之后都提高警觉。应当根据不同的国家与地域相关规定和惯例，处理好地缘政治问题。

国际经济形势瞬息万变，经济风险也是海外并购的重要风险之一。中石化收购葡萄牙Galp公司的时刻，国际油价正处于高位，这在一定程度上提高了收购成本，而后期原油价格走势存在很大的不确定性，这增加了中石化的经营风险。另外，并购需要大量的资金支出，中石化的多次海外并购，使得中石化处于高速扩张期，导致了中石化的沉重的资金压力。中国企业海外收购看中的是长期效益。被收购的企业大多都是短期内不会盈利，中石化需要继续投入新的资金来拉动被收购企业的发展。在

规模效应形成之前，并购方的利润势必会出现一定幅度的下降，所以中石化也应注意在经营中降低资产负债率。在海外投资，不能急于搞跨越，要高度重视回报率和赢利能力。

除了政治风险和经济风险，石油勘探开采中存在一定的技术风险，尤其是在当前原油勘探越来越困难的情况下，技术风险尤其明显。自然地质条件、气候条件、当地的工程习惯做法等都可能引发技术风险，甚至翻译的不准确也会带来风险。中石化在完成并购之后，应当注重在开采环境方面的调查，减少和规避技术风险带来的损失。

整合风险是海外并购不可避免的问题。只有在人力资源、文化、组织结构、发展战略、惯例方式等方面实现有效融合，才能最终受到海外并购所期望达到的目标。由于国家政策和企业文化的不同，并购之后两个企业在企业文化方面存在差异，机构重组和人力资源分配上存在分歧，业务的持续性和执行力上存在困难，都会带来损失。所以中石化应当加强与被并购方的沟通，制定合理的项目整合模式和策略，营造良好的工作氛围和环境。

五、启示

通过对中石化并购葡萄牙 Galp 公司的原因、有利条件和潜在风险的讨论，可以获得一些在海外并购方面的启示。

（一）高度重视时机选择

中石化收购 Galp 公司成功与其选择的时机有着很大的关系。在时机选择上，海外并购的成本和成功与否取决于当时的政治形势和经济形势。当行情低落时，东道国政府和企业的谈判地位相对虚弱，往往不惜从股权转让价格、税收、持股比例等方面制定多项优惠条款吸引外来投资者参与；当行情高涨时，东道国企业和政府谈判地位提高，东道国企业会提高股权转让的条件，东道国政府也往往会提高外国投资者并购的壁垒，保护国内企业，甚至不惜修改法律规章来阻止外国投资者的进入。所以并购成本和政治风险很大程度上取决于东道国企业和政府的谈判地位，而东道国企业和政府的谈判地位在很大程度上又取决于当时的政治经济形势。把握有利的时机进行谈判和并购对于中国大型油气企业走出去的战略极其重要。

（二）努力分散并购区域

中国企业在选择并购目标时往往过于集中，这会引起东道国对我国企业政治目的的怀疑，因此我国大型油气企业在选择并购对象的时候，要多元化地域目标，甚至像中石化收购葡萄牙 Galp 能源公司一样，曲线打入拉美市场，这样既方便规避东道国的阻挠，也能优化全球的战略布局。

（三）采取多样化并购方式

相对于传统的直接独资并购方式，合资的政治风险要小得多，更加受到东道国政府及企业的欢迎。尤其是在政治风险较大的国家，采取这种并购方式是一个很明智的策略选择。通过这种方式，也能更好地利用对方的人员，信息和人脉关系等方面的优势，更快更好地了解到当地的资源情况和相关环境，以便双方的融合。另外，单一的现金支付方式不但会使并购方承受较大的融资压力和偿债压力，而且对于目标方的股东来说可能会面临高税收的风险。根据当地政策采用多样化的投资方式非常重要，比较符合国际惯例的支付方式是“现金＋股票”的支付模式。

（四）尽量淡化政治色彩

海外并购往往面临着东道国的警惕和限制。我国大型油气企业特别是国企在海外并购过程中要尽量淡化“中国色彩”、“政治色彩”，采取各种方法消除东道国的疑虑。中铝增持力拓、中海油收购优尼科、华为收购三叶等失败的案例比比皆是。选择合适的收购对象，降低政治风险在国际收购当中至关重要。

中国高铁建设融资的新思考

——日本新干线和法国高铁的启示

刘田田[1]　孙　可[2]

（1. 对外经济贸易大学，北京 100029；2. 武汉大学，武汉 430074）

一、我国高铁建设投资现状

高速铁路是我国基础设施的重要组成部分，近年来我国高铁基本建设投资呈现逐年高速上涨趋势，2011 年由于特殊原因稍有放缓，但全国铁路固定资产投资总额仍有 5963.11 亿元，其中基建投资 4610.84 亿元。

从铁路投资建设资金来源看，我国目前铁路投资主体主要包括：政府、其他投资主体及国内外银行贷款和铁路债券等。但在以政府财政投资为主的模式下，难免出现资金瓶颈。实践证明，没有竞争和监督的政府部门支出也极易出现贪腐、侵吞挪用和资金利用效率低下等问题。多年来我国一直在探索适用高铁建设的融资方案。

二、我国高铁建设投资来源代表性案例——京沪高铁建设资金组成状况

京沪高铁项目经过长达 10 年之久的论证，在 2007 年敲定了具体融资方案。在 2007 年，京沪高铁建设项目资金预算最终确定为 2200 亿元。截至 2010 年 1 月 7 日京沪高铁累计完成投资 1224 亿元，为总投资的 56.2%

京沪高速铁路建设资金来自铁道部和其他投资人投入的资金、各种债务资金等。出资比例大约为：铁道部出资 78.9%，其他投资人出资 21.1%。2007 年京沪高速铁路股份有限公司发起成立。排前四位的股东分别为：中国铁路建设投资公司（占股 56.267%）、平安资产管理有限责任公司（占股 13.913%）、全国社会保障基金理事会（占股 8.696%）和上海申铁投资有限公司（占股 6.564%）。

京沪高铁公司建设资金“拼盘”的构成：

（一）政府投入

国家投资一直是我国铁路权益资本的绝对主体，现在的主要形式是附加于运价上的铁路建设基金。毋庸置疑，高铁作为一项基础设施，其工程建设是政府的责任，也是财政作用之所在，作为一项最稳定的资金来源其作用是重大的。同时政府的铁路基金形式提高了国铁的资信等级，为以其担保的铁路债券能获得很高的信用评级，可以减小融资阻力。而其不利之处在于缺乏竞争下的效率低下。

（二）其他投资主体投入

近年来，与地方政府、企业合资建路，吸收法人资本、发行股票等权益性融资方式取得很大进展，合资项目按规范化要求成立项目法人，组建或改制为有限责任公司或股份有限公司（非铁路部门的资金可达 50% 以上）。而在公司制的规范运作下，必将提高资金运作效率。

（三）国内银行贷款

20世纪90年代金融体制改革前后，铁路由于投资规模大、回收期长、盈利性和资产流动性较差，不具有获得商业银行贷款的优势，只有国家开发银行一直将铁路作为重点扶持对象。但近年来由于商业银行的规模迅速增大以及政府政策的引导，商业银行贷款也逐渐走入高铁的资金盘里。根据此前公布的上市银行2012年上半年报数据，以交通运输业的贷款为例，截至2012年6月30日，中、工、农、建、交五大商业银行的交通运输业贷款余额达333.6亿元，此类贷款在五家银行贷款余额的占比均超过10%。

三、日本新干线融资启示

众所周知，日本是世界上第一个建成实用高速铁路的国家。1964年10月1日，日本的东海道新干线正式开通营业，高速列车运行速度达到210 km / h，从东京至大阪旅行时间由6.5小时缩短到3小时。这条专门用于客运的电气化、标准轨距的双线铁路，代表了当时世界第一流的高速铁路技术水平，标志着世界高速铁路由试验阶段跨入了商业运营阶段。

在技术层面，新干线铁路在包括调度集中系统、列车运行管理系统、预售车票系统等在内的成套自动化系统，以及各种先进技术装备，对我国高铁建设都有学习价值。在资金筹集方面，日本高速铁路的建设融资方式是非常多元化的。日本很早就积极开拓市场融资的多种方：发行铁路债券、发行政府担保债券、利用社会资本等，其中上越新干线还采用了融资租赁方式。其具体的资金来源可总结如下：

（一）政府财政直接投资

中央及地方政府无偿给予的财政预算拨款以及各种形式的补贴在新干线资金筹措中占的比重极大，这和中国有些相似，但是在具体的来源途径上存在差别：日本政府除了直接提供部分资金外，还有其他形式，如将高息贷款与低息贷款之间提的利息差额作为工程费用补租金。

（二）财政信用投资及财政投资贷款

财政信用投资即以政府提供信用为基础的投资，主要形式为通过财政担保进行借款和发行债券。

（三）发行企业债券

指区别于财政信用投资的非政府担保的债券。这也使得日本成为国际上领先将非政府资本引入铁路建设的国家。

（四）线路转让收入、线路租赁费及线路使用费

即从使用线路的铁路运营公司收取资金作为部分高速铁路建设资金。日本民营化后的新干线建设便实行这一举措。

四、我国高铁融资的改革可以进行的尝试

在资金筹措上日本新干线与我国京沪高铁相似点颇多。可见，日本在多年以前在铁路建设的项目融资有了较为成熟的做法。尤其是在政府资金扶持的模式上，直接投资的比重减少较为明显，且朝着多元化的方向发展。我国高铁融资的改革可以在以下方面进行尝试：

（一）政府扶持形式的创新

以往的政府投资更注重政府财政投融资，但由于政府财政资金受预算约束，不能随意增加，成为政府投资规模的限制条件。实际上政府投资应该从更广泛的范围去考察，除了包括财政资金之外，还应该包括国有资本金投融资，铁道部作为国家出资人代表，代表国家履行出资人义务，享有所有者权益，其投资的资本金形成国有资产。直接实现政府投资向权益资本投资的转变，从而拓展了政府投融资空间。为实现这个目的，必须加快铁路系统企业的股份制改革，捋顺国家、铁道部、铁路企业之间的

关系。

（二）不断寻求项目融资新模式

在现实情况基础上不断寻求项目融资新模式，项目融资新模式包括资产证券化、公私合伙制等。这些都是引进民间资本的很好方式。

（三）建立专项基金

高铁产业专项基金通过投资代理机构发行基金收益凭证募集社会资金，高速铁路产业投资基金专门为高速铁路产业投资服务，这不仅可以有效利用我国的大量闲散资金，而且具有风险性较小和存续时间较长的特点，能为我国高速铁路发展吸引较多的权益资金。当然这得要求铁路项目的资产边界清晰、盈利前景较好、管理较规范的高速铁路领域。

（四）完善地方基础设施投融资平台

作为各级地方政府成立的、以融资为主要经营目的的公司，地方基础设施投融资平台公司是地方政府通过划拨土地、股权、规费等资产行为，包装出一个在资产和现金流上都可以达到融资标准的公司，用以实现地方政府融资目的，并将所筹措资金运用于市政建设、公共事业等项目。

五、法国铁路在引进民资方面的启示

铁道部虽然向民资大摇橄榄枝，从干线到支线，从工程勘察到建设物质设备采购投标，但有着前车之鉴，民资顾虑重重。民资进入一没有管理权，二难有红利，三无法建言铁路调度，四无独立核算体制，更重要的是，铁道部门的寻租让人担心所有的投资都会成为沉没成本。

同中国地方政府的负债累累相似，法国高铁部门同样有着高额的负债，早期法国高铁建设由 SNCF（法国国铁）、法国政府等主导投资，欧盟、欧洲投资银行（EIB）、私人机构是主要债权人。法国之所以分开基础设施与铁路管理，最大的好处是防止腐败，以免高铁基础设施产生寻租空间，而成为腐败者点石成金的手指。

RFF（法国铁路基础设施管理机构，1997 年成立）承担了 28% 的某些线路的铁路基础设施建设，到 2011 年，RFF 债务总额攀升到 290 亿欧元，而 SCNF 超过 90 亿欧元。为了削减债务，法国改变法律，允许民间资金进入铁路。根据 2006 年 1 月 5 日生效的运输安全和发展立法，批准的法国铁路基础设施项目允许 RFF 对铁路基础设施采用 PPP 模式进行融资。PPP 项目主要采用合伙契约或特许经营协议的方式，充分利用民营企业的先进技术和融资经验。为控制大局，法国建立了独立于 RFF 和 SNCF 的铁路安全机构，调度、运输能力分配、安全设备等属于独立的安全机构。

虽然这些努力仍不足以偿还债务。但政府的一系列作为让投资者感受到了信心。要做到这一点，我国铁路建设相关部门还需做的努力就是建立高铁项目融资的政策支持与配套制度，主要内容包括：

（1）制定相关法规及财政支持政策。加强高速铁路建设融资相关的法律法规建设，并配套以一系列明确的、具体的、可操作的配套制度和政策措施，为吸引民间资本进入高速铁路建设领域创造良好制度环境。比如，实行国家向高速铁路建设投资的倾斜政策和高速铁路建设融资企业的税务减免政策；允许外商以合资或合作方式，直接参与中国高速铁路建设和经营但保持中方控股的政策；制定高速铁路特许权制度法案及高速铁路产业投资基金相关计划等。同时，改进中国高速铁路投资控股方式，使政府对高速铁路的最终控制权通过国有资本运营方式来实现，达到既不会威胁到国家经济安全，又能够提高我国高速铁路整体运营效率的目标。

（2）改革高速铁路投资资金监督管理体制设立独立的监管机构，监管高速铁路投资资金及运行过程中的各级代理链。（下转第 125 页）

缅甸与泰国劳务交流政策浅析

杨晓晨

（对外经济贸易大学国际经贸学院，北京 100029）

摘　要：近年来，泰国经济发展快速，占外来劳务80%的缅甸移民做出了重要贡献。他们来到泰国的主要原因还是由于缅甸国内经济的困难。泰国作为一个净劳务输入国已经有了比较完善的接受国外劳务的制度和法规，但是对缅甸劳工心理上根深蒂固的歧视还是泰国企业和泰国社会需要克服的。这些外来务工者的生活生存状态直接决定了泰国经济的质量，乃至社会的状态。因此，泰国政府正在努力和缅甸政府达成共识，以建立和谐的国家劳务合作关系。

关键词：泰国；缅甸；外国劳动力

一、赴泰缅甸劳工现状

近年来，泰国经济发展快速的重要原因之一是外来劳动力人口做出的突出贡献。在来泰国工作的外国劳动力中，缅甸移民占比最大，高达80%。这些来自缅甸的劳动力可大致分为四类：没有证明文件的劳工（约有2000000人），合法的技术性劳工（138999人），政治避难者（166240人），以及没有父母陪伴的10~13岁的小孩（数量在逐年增加）（Myat，2010）。他们来到泰国的主要原因还是由于缅甸国内经济的困难。近二十年来，由于美国等西方国家的制裁，缅甸经济发展速度缓慢，失业率高企，同样的工作，在缅甸国内的工资甚至是工作机会，都要比邻国泰国少得多。

根据泰国的一个劳工组织的调查，大约有10%的缅甸人已经移民，原因有两个：寻求政治庇护和外出务工。目前，仅在泰国就有近200万人（Wine, 2008）。根据联合国难民署的估计，大约有10000罗亨迦（Rohinga）和数不清的钦族（Chin）移民到马来西亚，而在日的缅甸劳工有八千到一万人次。

二、大多数缅甸移民选择泰国的主要原因

（一）缅甸国内政治压力以及泰国地理上的优势

缅甸普通民众的非法偷渡历史可以追溯到1984年，当时，缅甸的奈温（Ne Win）政权和少数民族势力开始发生冲突，而且两个国家有近1800km的共同边境线（Minister for Labour,2011）。据统计，仅1984年到1988年间，三十多万缅甸人逃向了泰国（Caouette等，2000）。

（二）缅甸国内高企的通货膨胀率

1988年以后，缅甸经济进入上升期，经济改革渐现成效，国内开始出现大量的工作机会。但是通货膨胀率却激增，消费者价值指数在1992~1995年之间，以年均22%~23%的速度增长。以1986年为消费者价格指数的基期，即CPI为100%，到1992~1993年CPI已经达到了369.09%，到1996~1997年更是到了882.81%。（Central Statistics Organization，1997）。近年来，虽然缅甸的民主制度改革出现了重大变化，经

济状况也有所好转，但缅甸百姓仍然要承受高通胀带给他们生活的巨大压力。

（三）缅甸官方汇率和市场汇率的巨大差别

缅甸元的官方汇率一直保持在1美元兑6缅甸元的位置上，然而，市场汇率在20世纪80年代已经是1美元兑25缅甸元，到90年代中期达到了1美元兑100缅甸元的比例，而在2003年更是冲到了1美元兑1000缅甸元的高位。进入2012年，缅甸元价值更是一落千丈，没有缅甸老百姓愿意自己手里持有缅甸元。用老百姓的话说，就是"缅甸元的官方汇率和市场汇率的差别就如同天空和大地之间的距离"。如此高的通胀率和汇率差使得普通民众的工资一拿到手就缩水。现实迫使缅甸民众选择离开这个国家，以寻求更好的就业机会。

（四）泰国经济发展迅速

作为缅甸的邻国，虽然20世纪90年代末泰国遭遇了金融危机的重创，近年来也深受国内政局动荡的困扰，但比起缅甸的经济落后和高通胀率，泰国经济发展速度还是远好于缅甸。泰国相对稳定的经济运行态势，友善的民风，适中的物价水平，相近的语言和文化，吸引了缅甸大量的技术和非技术工人。

三、缅甸海外劳工政策

（一）政府文件与法规

缅甸最早的海外劳工移民依据是《殖民地时代移民法案》，这部法案自1922年开始实行，直到1992年新的法律出台。1999年，缅甸政府出台了《海外就业法》，这是一部正式的以缅甸境外劳工为对象的法律，旨在保护在缅甸境外的劳工的工作机会和权利。法律规定，个人可以开立海外求职机构，同时这些机构要对缅甸劳工在海外的权利问题负责。由于缅甸劳工总是面临被贩卖的问题，缅甸政府于2005年出台了《反人口贩卖法》。根据该法律，贩卖人口者如果被发现有压榨妇女儿童的情形，会面临最多10年的监禁。但是尽管缅甸在努力地解决人口贩卖问题，政府并没有出台更具有操作性和实效性的举措。

缅甸政府和泰国政府在2003年7月21日签署了《合作理解备忘录》，内容涉及劳工派遣，规定临时的缅甸护照可以在缅甸的Myawady、Kawthoung和Tachilek取得，在泰国可以在Ranoung取得。在2007年以前，缅甸劳工要想获得护照需要非常繁琐的程序，其中必须包括一封海外雇主的介绍信。后来的调查显示，这些介绍信几乎全部都是伪造的。2007年开始，这个要求被取消，但是外出务工人员护照的办理并没有简化。如果他们通过正规的渠道出去的话，他们还必须要补偿国家对他们实行教育的费用，在办理护照的过程中，补偿费、个人联系费、经纪费以及可能发生的贿款加总后，对于劳工来说是一笔不菲的支出。

此外，外出务工者还需要就他们在海外取得的收入缴纳10%的税，即使在他们失业的时候。如果不交税，护照的更新或者延长时间就会遇到麻烦。在2006年以前，缅甸国民在缅甸境内不能持有护照超过半年，护照必须要上交给国家移民局管理。2006年起，这项政策得到了改进，个人在缅甸境内可以持有护照。同时，发放临时护照的身份证的程序也得到了改善。从2009年7月10日到2011年2月28日，缅甸已经向四十多万个工人发放了临时缅甸护照和身份证（Minister for Labour,2011）。

（二）缅甸政府推动劳工保护协会的成立

为进一步鼓励缅甸外出务工人员到海外寻找工作机会，进而增加缅甸的外汇收入，缅甸政府通过和泰国当地机构的合作，在泰国设立了劳工保护协会，由缅甸驻泰国大使任赞助人，缅甸在泰国的企业家作为会员，以此来保护在泰国的缅甸劳工。这项举措有效地为在泰缅甸劳工提供了便利，同时也更加符合缅甸当地的情况，受到泰国方面的欢迎。

（三）培训

由于缅甸外出劳工主要是低端劳动力，多集中于一些不需要太多技术的行业，其中船工是缅甸劳工的一项优势。在对外输出劳工的过程中，近年来缅甸政府开始注重员工的培训，旨在提高海外劳工的竞争力。2010年，缅甸劳工部下的两个培训中心和四个机构培训中心培训了5210名技术工人。在2001年，技术工人在缅甸整个外出务工队伍里仅占1.8%，而在2011年这个数字则上升到了19.5%（Minister for Labour, 2011）。

四、 泰国吸引外来劳工的政策

早在20世纪90年代初，没有证明文件的外来劳工已经成为泰国经济中不可缺少的一部分了。在最近的30年里，泰国政府对泰国经济与缅甸的关系的政策一直在变化。

1996年，泰国政府第一次尝试规范没有证明文件的外来劳工，规定了他们可以从事的职业和工作的省份，外来劳工可以在泰国工作最多不超过两年。之后，该项政策一直在不断改进。2001年8月泰国政府设立了登记制度，登记移民劳工的身份和生活情况，当时有56万人完成了登记。在2002年年底，第一次登记过的劳工可以再次登记，2003年8月，泰国劳工部宣布，之前两次登记中登记过的劳工可以在泰国再多工作一年，而从来没有登记过的劳工不能享受这项延长时限的福利（Myat, 2010）。不幸的是，缅甸劳工大部分就属于这个范围。缅甸军政府似乎已经忘记了缅甸海外劳工这个团体。2003年缅甸政府和泰国政府签署了涵盖劳工合作的《谅解备忘录》，但是缅甸政府在备忘录实施的第一步就卡了壳，因为这项政策的实施需要各国政府确认在泰国登记的劳工的国籍，老挝、柬埔寨等国都完成了这项程序，唯有缅甸止步不前（AMC,2005）。

2004年，泰国政府和缅甸政府又签署了一项关于缅甸在泰劳工的备忘录。2004年的劳工登记分为两个阶段：（1）登记要办临时身份证的劳工以及表示了用工需求的雇主。（2）登记获得工作许可的劳工和雇主。接下来，246552名泰国雇主登记在案，对缅甸劳工的需求缺口为1591222人（AMC,2005），这次登记的结果使得这些劳工有了和当地劳工一样的劳动权利。

2004年的备忘录使得在泰劳工的境遇提高了很多，但是他们在泰国的生存依然面临很多问题。登记的费用是很高的，而且在办理登记的过程中，渎职行为很常见。此外，登记之后交的税费对劳工来说也是一笔很大的支出。

在泰国，规范雇主的法律很多，比如雇佣非法劳工最多可面临10年的监禁和100000泰铢的罚款，如果被举报走私劳工，惩罚会更加严重，但是雇主很少被指控，我们看到更多的是许多缅甸劳工在监禁中心等着被遣返回国。

2006年8月，泰国和缅甸政府在筹划着共建临时签证中心以方便缅甸劳工通过缅泰边界。但是由于两国对所建位置的异议一直得不到解决，因此共建事宜一直搁浅至今。

虽然泰国政府在努力地规范外国劳工在泰国的生活生存状态，缅甸劳工的状态并没有得到很大的改善。对于那些登记过的劳工，根据官方规定，工资要和当地劳工一致，但在实际操作中，缅甸劳工依然拿着比当地劳工钱数少的工资，而做的工作却不打丝毫的折扣。

五、泰缅政府的共同努力

缅甸泰国之间的劳务交流已成规模，历史也比较久远，但是两国对劳务的待遇问题一直没有一个妥善的解决办法。细究其中原因可以发现，缅甸对海外劳工的保护不力是主要问题。

首先，缅甸政府需要改进劳工外出程序问题。在缅甸，政府有关机构的办事效率很低，外出劳工办理护照不仅手续繁琐，而且时间很长。此外，纳税机制也不合理。很多到海外谋求职业的劳工都会因为正规渠道的繁琐而放弃这样的出国机会。当然，缅甸也有外出务工者会通过正规渠道出国打工，但他们会因为政府要求他们必须要给家里汇款的硬性规定和不合理的纳税机制而选择规避。这就必然导致缅甸政府对外出务工人员的统计和管理失真和无效，而政府政策的制定也没有了依据。

其次，对在海外的劳工，缅甸政府认识到依然有义务保证他们的安全和其他权利。政府对劳工的承诺在《谅解备忘录》和政府官员的一些讲话中已经有了方向，但是缅甸劳工更需要的是详细的可操作的执行细则。

泰国作为一个净劳务输入国已经有了比较完善的接受国外劳务的制度和法规，但是对缅甸劳工心理上根深蒂固的歧视还是泰国企业和泰国社会需要克服的。泰国的经济有一大部分来自于外来务工者的贡献，这些务工者的生活生存状态直接决定了泰国经济的质量，乃至社会的状态。因此，泰国政府在主动制定政策来保护规范外来劳工的同时，正在努力和缅甸政府达成共识，以建立和谐的国家劳务合作关系。

参考文献

[1] 于潇 . 东北亚区域劳务合作研究 . 吉林：吉林人民出版社 .2006.

[2]AMC, 2005. Resource book, migration in the Greater Mekong subregion. Hong Hong: AMC.

[3]Caouette,T.,Archavanitkul,K.,and Pyne,H.H., 2000. Sexuality, reproductive health and violence: experiences of migrants from Burma in Thailand. Bangkok: Institute for Population and Social Research, Mahidol University.

[4]Central Statistical Organisation, 1997.Statistical yearbook 1997. Myanmar: Ministry of National Planning and Economic Development.

[5]Minister for Labour 2011.Minister for Labour responds to question of Dr Myat Nyana Soe

[6]Myat Mon, 2010，Burmese labour migra-tion into Thailand: governance of migration and labour rights, Journal of the Asia Pacific Economy, Vol. 15, No.1, February 2010，34-44.

[7]Wine, H.A., 2008. For greener pasture-s. The Irrawaddy 16 (10), 24-27.

（上接第 108 页）

[4] 荣大聂，韩其洛 . 敞开美国大门？充分利用中国海外直接投资 .

[5]Deloitte 德勤，中国服务组 . 无穷无尽无国界——2011 大中华海外并购焦点项目 .

[6] 白宫：未发现华为“间谍”证据 .FT 中文网，2012,10,19.http://www.ftchinese.comstory/001047056

[7] 美国自由贸易立场在瓦解 .FT 中文网，2012,10,24. http://www.ftchinese.com/story/001047107[8] 约翰加普 . 美国应向华为敞开大门 . 金融时报 .http://www.ftchinese.com/story/001046927

[9]FT 社评 . 封杀华为欠思考 .FT 中文网，2012,10,10. http://www.ftchinese.com/story/001046898

[10] 美国国会：华为中兴对美构成安全威胁 .FT 中文网，2012,10,09.http://www.ftchin-ese.com/story/001046873

[11] 靠封杀中国投资打开中国市场，华尔街日报，2012,10,26. http://www.cn.wsj.com/gb/20121026/bch151452.asp?source=whatnews

[12] 华为公司就三叶事件发表的公开信 .

[13] 谢法浩 .“国际政治壁垒”——华为并购 美企失败探析 . 中国外资（下半月），2011(10).

[14] 董洁林 . 华为进入美国为什么步履艰难 .http://www.chinavalue.net/Finance/ Article/2012-10-11/200604.html

[15] 张筝，邓湘南 . 华为文化的是与非 . 企业管理，2008(11).

越南对外劳务输出政策对我国的启示

黄元柔　高　宇

（对外经济贸易大学，北京 100029）

近年来，越南利用现有的优势资源，如劳动力价格较低、地理位置便利、自然资源丰富和文化氛围较好等，结合外力援助，加快改革步伐，经济取得了长足发展。其中，最为突出的是越南劳务输出方面的发展。中国作为经济增长、劳动力输出大国，与越南有着许多共同之处。本文结合越南劳务输出的现状，基于国际劳务合作的视角，分析了越南对外劳务输出现状，以及对我国的启示。

一、越南劳务输出的现状

（一）越南劳务输出历程

越南的劳务输出发端于1980年，起始越南劳务国主要是苏联、捷克、匈牙利、保加利亚、民主德国等东欧国家，后来扩大到伊朗、伊拉克、阿尔及利亚。1981~1984年，越南输入东欧国家劳务达6万人，到1988年共有17万人在苏联、东欧国家从事输油管线建设、矿工、水利、纺织、垦荒等重体力、大强度工作。此阶段的劳务输出市场单一，越南对外劳务合作鲜有作为，劳务输出对国家经济的贡献微不足道。自1995年加入东盟，越南开始融入区域和世界经济的过程，并大力开展国际经济合作，10年间劳务输出规模不断扩大，2005年越南劳务输出达到7.5万人，收入56亿美元。而后国会2007年7月1日颁布生效的《派遣越南劳务人员出国务劳法》对规范外派劳务工作发挥了积极作用。越南在继续巩固韩国、日本、台湾、马来西亚等传统劳务市场的同时，还在积极开拓中东市场，并加快探索澳大利亚、文莱、塞尔维亚、波兰、俄罗斯和澳门等市场。据不完全统计，1996 ~ 2009年8月，越南外输劳务总量达659620人，每年汇回的外汇达16亿美元。

（二）现阶段越南劳务输出特点

现越南已在40多个国家有40多万名劳务人员，主要集中在台湾、韩国、日本、马来西亚、老挝，对其余地区劳务输出也在不断增加。劳务市场从单一走向多元化。越南输出的劳务在国外从事的行业近30种，主要集中在机械制造、建筑、电子组装、纺织、水手、社会服务等。除到日本的研修生、水手、航空乘务员、专家等需要一定专业水准外，大部分劳务属于普通劳动者。即使劳务输出多元化、集中化，目前越南仍然面临着劳动力素质不高、工作效率不高的问题，受过技能培训的劳动力仅占35%，并且出现外逃现象。

二、越南加强劳务输出的主要举措

（一）健全劳务管理和输出模式

20世纪80年代到1991年越南经济体制还是计划体制，为落实劳务输出政策，输出劳务全过程都由政府包办代替，从签订对外输出劳

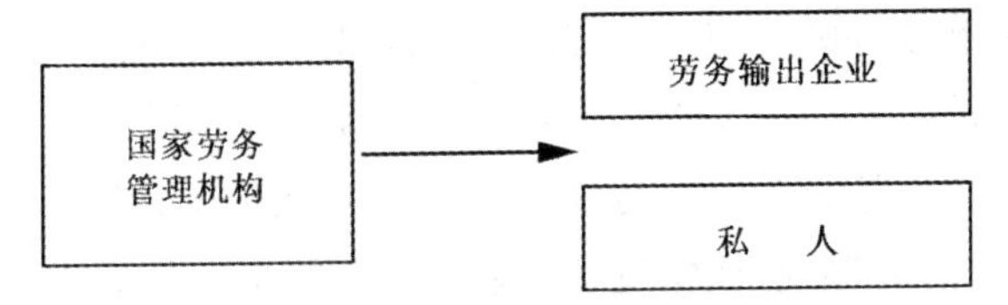

务协定、挑选劳务输出人员、投资培训劳务、组织输出、国外管理乃至到期返回，同时还享有一些特殊权利和应尽的义务。1991 年至今，按照新机制新政策，对外输出劳务工作全部由劳务输出公司负责，劳务人员只需自行准备材料、证件、签证以及服务费等。现越南劳务输出由劳动、荣军和社会部进行管理，其下属被分配到直接管理的任务即劳务输出活动，海外人力劳动管理部门的工作，对外劳务出口中心处的劳动或工作有关的活动的部分事务，一些不属于国家管理机构的组织在实施过程中具有密切协助职能。在劳务公司方面，越南政府的其他一些部门获准成立了自己的海外劳务公司。例如建设部的 VINACONEX，运输部的 TESCO，水管理部的劳务合作公司。在接收越南劳工较多的国家，越南驻那里的使馆设有管理劳工的机构。不仅如此，2004 年 4 月，越南成立劳务输出协会，该机构属越南劳动社会与荣军部管辖，主要维护劳务输出企业和个体的合法权益。2012 年国外劳务管理局和国际移民组织（IOM）开办劳务输出协助办事处，这是由国际移民组织发展基金会资助的“通过试点成立移民信息办事处推进保障来自越南劳务移民安全”项目。不仅存在众多机构对越南劳务输出进行监管、管制，越南政府各部也紧密协作，加强对外劳务输出保障。近年来，财政部、劳动、荣军和社会事务中的密切合作部、外交部等驻外机构，积极发现越南的劳动力接收国的问题，签署各项协议协调管理劳务输出，保护劳动者的合法权益。在清晰的劳务输出结构、众多发展劳务输出的机构以及各部门紧密协作下，越南劳务输出呈现出好的态势。

（二）劳务输出法律化、政策化

法律是制度执行的根本。为此，政府不断强化劳务输出各项措施，颁布多项劳务输出的法律法规。1986 年越共“六大”决议进一步明确，应采取多种形式扩大向国外输出劳务，并将其视为就业计划的有机部分。1994 年越南把劳务输出政策正式纳入《劳动法》，越南劳务输出政策基本成型，之后就劳务输出法律法规不断进行了修改、补充和完善。现劳动法主要对劳动输出形式、劳动厂商、劳动人员的责任和义务作出了明确的说明，并且详细规定了输出劳工的训练、海外劳工管理以及劳工输出扶助基金的成立、管理使用事宜等。对企业、组织、个人利用劳工输出非法招募等有对应的法律制裁措施。《劳动法》不仅加强了对劳务输出的管理，也保障了劳务输出人员的权利和福利不受侵害。在随后的诸多法律中，越南政府对于劳务输出管理进行了更多的深化、细化。例如 2005 年 1 月出台了劳务输出领域违纪违法行为的预防和打击指南。2005 年 11 月，越南出台政府第 141 号“加强对外输劳务管理”的决议，明确了参与劳务输出的企业、劳务人员及担保人、外国劳务管理机构等利益相关方的责任。为整治劳务输出中滥收中介费现象，越南劳动部于 2008 年 8 月对外输劳务中介费作出封顶规定。为了适应国际市场对劳务人员需求的变化，越南政府向劳动者提供职业培训服务，创造就业机会。例如最近经政府总理批准的 2012~2015 年国家人才就业和职业培训目标计划，将有 70 万 ~80 万劳动得到就业和职业培训。本计划将为 8 万 ~12 万贫困地区和少数民族地区劳动者提供职业和外语培训服务，同时还将培养 5000 名符合劳务输入国要求的高素质出国劳动人。法律的颁布是越南从事劳务输出 20 多年来不断进行探索的成果，是越南对外劳务合作的一个重要里程碑，对越南经济社会的发展和融入国际经济、加强对外输劳务的管理、保障外输劳工的权利意义重大，劳务输出从此有法可依，步入法制化轨道。

（三）完善财政和社会服务支持体系

对于劳务输出体系的服务支持主要体现在两个方面：

（1）设立外输劳务扶持基金。2004年9月，越南颁布政府总理第163号决议，正式批准设立外输劳务扶持基金，由国家和劳务输出企业共同出资，基金使用范围包括：开发劳务市场、处理劳务人员和劳务公司之间的纠纷，劳务输出优秀单位和个人、输出劳务的推介以及培训工作等，越南劳动社会与荣军部负责基金管理。除在财政上支持外，还在社会服务水平上进行支持，做好劳务输出的各项服务工作，强化政府部门的行政管理服务意识，不断提高工作效率和水平，通畅劳务流动渠道等。

（2）越南劳务输出人员回国后的安置政策。由于劳务输出人员在回国后技术、技能、外语都有着较为明显的提升，比国内劳务人员更加有竞争力，越南政府就此出台了安置政策。主要包括：对于投资生产经营采取支持政策，此外还有住房等方面的税收减免政策、信贷优惠，劳务输出前后的培训政策，重返社会后住房、保险、健康、家庭有关的社会政策以及相应的就业政策。以上政策均有效地保障了越南劳务人员归来后的福利。

（四）对加强劳务市场的开发的重视

为解决就业，越南政府一直对劳务市场十分重视，对内不断扩大，对外不断发展。由于越南劳务输出地区性不平衡发展，经济条件较好的地区如胡志明市、海阳、富寿省及沿海地区参与劳务输出人数占绝大多数，在越南贫困户比例达到50%以上的61个偏远山区农村县，贫困总人口约为240万，仅有30个县参与劳务输出，截至2007年年底，输出劳务仅4500人，还不到越南对外劳务输出的1%。越南为扩大这部分人劳务输出的总量，在财政上对于61个偏远县贫困农户和少数民族农户参与劳务输出给予补贴。在其他方面，对于贫困地区和少数民族地区劳动者职业和外语培训服务，以获得更多符合条件的劳务输出者。越南政府不仅对内部素质有所重视，也强调内部市场的拓展。如鼓励更多的民间机构特别是私人企业主动到国际劳务市场上找生意、接订单，并允许公民个体在一定范围内直接参与对外劳务合作，加强劳务输出的灵活性。对于外部市场的开拓。越南除继续巩固东盟、东亚原有市场外，进一步有计划地开拓欧洲、北美、中东、非洲等地区的劳务市场，加强和各国的合作，以鼓励劳务输出。

三、我国劳务输出现状分析

（一）劳务输出近年有下降趋势

目前中国大陆人口总数超过13亿，其中15 ~ 64岁的人口占总人口的71%。全社会已进入劳动年龄人口的高峰，中国境内面临着前所未有的就业压力。目前全世界约有1.4亿人境外就业，但作为人口大国的中国，境外就业人口却不足国际市场份额的1.5%。

虽然，对外劳务合作在经历了20世纪90年代的高增长期后，营业额增长率基本保持在年10% ~ 15%的增长速度。年派出人数、年末在外人数等数值都保持稳步上升，对外劳务输出规模较大。但是，近年来，劳务输出却呈下降趋势。2008年、2009年劳务输出合同数分别下降约4000份和3000份，出现负增长，即使2010年合同金额有13亿的大幅增长，但是其完成营业额较2009年却下降0.3亿美元(资料来源：《中国统计年鉴》)。

（二）劳务管理体制混乱

我国对外劳务管理一直处于多个部门各管一方的态势，造成各条例不清晰、管理者沟通不顺等诸多问题。例如：商务部的《对外劳务合作经营资格管理办法》与劳动和社会保障部的《境外就业中介管理规定》对劳务输出的经营资格在市场准入、备用金、审批程序、处罚制度等方面的规定不统一。由于国家对劳务输出没有统一的规定，但在实施中却要求各地政府落实贯彻并制定相应的实施办法，造成了各地有关规定五花八门，各行其是。影响劳务公司正常运营，效率低下。更有少数具有对外劳务输出经营资格的企业，利用管理体制漏洞违反国家有关政策和行业规范，低价竞争，破坏了经营秩序。

（三）立法制度不完善

目前，劳务输出法制在法律层级几乎是空白，我国尚没有出台对外劳务合作的专门法律，而且在有关的法律中也很难找到规范管理其法律关系的专门条款。

没有明确将劳务输出作为国际服务贸易的一项重要的组成部分。目前我国主要依靠部门规章和文件规范劳务输出，但是其中绝大多数又是以通知形式下发的非法律法规类的其他规范性文件。

（四）劳务人员整体素质偏低

当今的国际劳务市场，对具有中级技术水平的工程技术和管理人员的需求很大，并且由于很多劳务输入国出于保护国民就业和社会秩序等多方面的考虑，均对普通劳务人员的引进在数量或行业领域上施加严格的限制。而我国出口劳务一般为熟练工人，并且我国的境外劳务人员总体来讲综合素质不高，普通劳力多，技术工人少，竞争力差。劳务人员大部分不懂外语和劳务输入国的法律法规，不仅造成对外交流上的局限，也容易发生误会和纠纷。作为一个有丰富人力资源的大国，我国的境外劳务输出虽有潜力，但发展困难重重。

（五）对外劳务输出支持保障不全面

随着境外劳务输出的发展，外派劳务数量的不断增加，许多出国务工人员从事着高危险、高强度的工种，因此时有恶性伤残事件发生。受害者中只有少数得到境外雇主的赔偿。但是我国关于国际劳务输出的法律法规却很不完善，未明确界定劳务输出机构、企业、劳动者及有关单位的责任和权利。各类文件在适用处罚依据和方法时大多采用“依照有关法规”、“根据有关规定”、“会同有关部门”等表述，缺乏明确的指引和救济的具体措施。对涉及行政处罚的规定过于笼统，缺少处罚的程序性规定。此外，由于国家没有出台劳务派遣的相关法律法规，其他相关部门如外交、工商、税务等部门对劳务输出事项进行管理时同样缺乏法律依据。另外，由于外派劳务合作的合同不完善，一些境内外的非法中介，利用国内企业急于对外发展业务，部分劳务人员由于得到的劳务信息匮乏，对国外雇主的资信调查不够，被误导虚构劳务合作项目，遭到坑害。而当地一些政府部门片面追求经济效益和政绩，忽视对外劳务人员权益的保障，致使劳务人员在国外遭到不平等的待遇。

四、对我国劳务输出的启示

（一）完善对外劳务合作服务体系

对外劳务合作是贯彻“走出去”开放战略，充分利用国内外两种资源、两个市场的重要组成部分，是缓解国内就业压力、实现再就业的一条有效途径，也是增加外汇收入、提高人才素质和社会稳定的重要因素。为此，应积极鼓励各类人员，包括高技术人才到国外就业。

首先，建立对外劳务输出市场信息服务系统，广开信息渠道。利用网站、出版物等大众传媒，提供充足的海外就业信息。其次，可以进一步加强中介机构的作用。加大对外承包工程商会在行业自律、业务促进和规范协调等方面的作用。再次，完善对外劳务合作服务体系 。加大在全社会范围内正面宣传，建立广泛的社会服务体系，包括信息服务、金融、外汇服务和其他社会服务，加强与外交、公安、劳动等部门的合作。如：为出国劳务人员提供医疗和养老保险；为归国劳务人员的重新安置就业提供帮助和扶持；设立为劳务人员提供法律、心理和业务服务的咨询机构等。

（二）加强对劳工的培训

为适应国际市场专业人员需求增加的趋势，政府部门应健全培训体系，培养能够适应市场需要的专业人才，建立外派劳务人才储备库。

政府、行业组织和企业应采取各种措施，大力推动各种形式的培训活动，形成行业培训、职业教育和高等教育三位一体的培训体系。

我国可借鉴越南的成功经验。根据经政府总理批准的2012~2015年国家人才就业和职业培训目标计划，将有70万~80万劳动得到就业和职业培训。越南将建立130个重点职业培训服务机构，26所高质量职业学校，其中5所将达到国际水平，力争2015年受职业培训劳动人口达40%，2020年提高至55%。同时还将培养5000名符合劳务输入国要求的高素质出国劳动人。该计划将于2012年至2015年在全国范围展开，总经费为30656亿越南盾。

可见，越南政府对越南劳务输出的重视程度非同一般。相比之下，我国已设置的高等职业技术学院386所，所开设的专业涉及生产、经营、服务等各个经济领域，可以说我国的职业教育已经具备相当的实力。我们需要做的是，大力促进劳务人员培训机构、劳务输出企业与职业教育机构紧密结合，充分利用各自优势，培养更多高素质的人才。

（三）加快劳务输出立法进程

针对劳工安全问题日益突出，对外劳务输出立法滞后、多头管理体制引起混乱，我们需要加强劳务输出立法进程。可以借鉴越南的做法，使劳务输出法律化、政策化，使劳务输出有清晰的结构、发展劳务输出的机构明晰分工。

1. 劳务合作立法

1994年越南把劳务输出政策正式纳入《劳动法》。我国应在综合现有部门规章的基础上，尽快出台国家级完善的、具有前瞻性和可操作性的相关法律，使我国对外劳务合作在法制化的进程中再上一个台阶。

2. 管理体制逐步向国际惯例靠拢

逐步推行代理制，进一步明确经营者、劳务人员及政府相关部门的权利、责任和义务。

首先，强化商务部的宏观管理，由商务部制定对外劳务输出的促进和监管政策，完善各项规章制度，如经营资格核准及年审制度、对外劳务输出备用金制度、外派劳务援助制度等。同时，也要注意加强各相关部门的协调合作。商务部与公安部、外事部、财政部等联手整顿外派劳务市场秩序。

其次，设立专门的劳务输出管理机构。比如，有些劳务输出大国在劳工和就业部下面，还设有海外劳工就业署和培训中心，各省市也有相应机构。

（四）完善对外劳务保障制度

根本上要依靠国家立法和外经贸、外交、公安及驻外机构等有关部门合作加以解决，在此基础上给予法律援助、资金支持和领事保护。

首先，制定刚性、统一的收费办法并严格执行，以解决收费中存在问题。其次，建立风险保障制度。如：在行业中设立“外派劳务人员共同风险基金”，用于处理劳务突发事件和善后工作。同时取消劳务备用金制度，减少资金闲置，减轻企业负担。风险基金可由经营公司按派出劳务人员的一定比例缴纳，共同承担经营风险，风险基金的利息还可以用来为劳务人员权益保障和开拓市场服务。

五、结语

我国作为劳动力资源丰富的大国，在对外劳务输出上面临着输出总量低、质量不高的问题。而越南的劳务输出却有着很猛的势头。我国和越南均是社会主义国家，在劳务输出的结构等也有着共同点，但在法律结构和管理体制方面确实存在差异和不足。国际劳务合作是近40年来国际交往与合作中一项极具生命力的业务。随着西方世界人口老龄化日趋加剧，许多国家尤其是发达国家对于劳务的需求量越来越大。国家劳务合作也对我国经济有着积极意义，应该将其放在国家发展的战略高度，通过借鉴越南对劳务输出的管理，我国应不断优化劳务输出的结构、体制以及对法律的完善，改善劳务输出人员的素质，以及提高相应的保障和福利，使我国的劳务输出迈向国际，创造未来。Ⓡ

参考文献：

[1] 蒋玉山 . 发展中国家劳务输出的经济学：以越南为例 . 东南亚纵横 .2010.

[2] 李君 . 越南的劳务输出 . 印度支那 .1989.

[3] 傅涛 . 越南积极开展对外劳务合作 .

[4] 中国驻越南大使馆经济商务参赞处 .

[5] 越南劳动社会与荣军部官网 . http://www.mosila.gov.vn.

[8] 越南经济时报 .

[9] 中国统计年鉴 ,2011.

附表

对外经济合作

年份	对外劳务合作合同数（份）	对外劳务合作合同金额（亿美元）	对外劳务合作完成营业额（亿美元）
1976–2010	1203288	760.53	735.70
1976–1988	4085	16.95	11.21
1989	2324	4.31	2.02
1990	4255	4.78	2.23
1991	7267	10.85	3.93
1992	8241	13.35	6.46
1993	10212	16.11	8.70
1994	15789	19.60	10.95
1995	17397	20.07	13.47
1996	22723	22.80	17.12
1997	25743	25.50	21.65
1998	23191	23.90	22.76
1999	18173	26.32	26.23
2000	20474	29.91	28.13
2001	33358	33.28	31.77
2002	30163	27.52	30.71
2003	38043	30.87	33.09
2004	53271	35.03	37.53
2005	63410	42.45	47.86
2006	94386	52.33	53.73
2007	161457	66.99	67.67
2008	157682	75.64	80.57
2009	154801	74.73	89.11
2010	236843	87.25	88.80

（上接第115页）建立严格的立项审批制与审计制度，破除对地方轨道交通的歧视，改革铁道部在合资公司的人权、事权方面的垄断，尊重股东权益。

（3）加快铁路价格体制改革，完善清算制度。目前，我国对其他运输方式的运价管理已经基本放开，对铁路运输业价格管理则仍控制过严。高铁运输要按照市场供求状况自主调整价格，按照公开、明确的规则确认收入和成本。为此可按照收入来自市场、提供服务相互清算的原则，完善、细化高铁行业的财务清算具体办法，公平合理地确定清算价格水平，为高铁投资者的收入确认提供可行依据。Ⓡ

参考文献

[1] 刘园 . 投资学概论 [M]. 北京：电子工业出版社，2010.

[2] 林晓言 . 铁路的民营化改革与市场融资 [M]. 北京：经济科学出版社 .

[3] 闫军梅 . 从国外融资渠道看我国高速铁路建设项目融资行为 [J]. 物流科技，2010（5）:75-78.

[4] 中国高铁存在的问题及对策 . [J]. 河北企业，2010（8）：41-41.

[5] 中国金融网 .

[6] 叶檀 . 清算高铁负债 [EB/OL]. http://blog.sina.com.cn/s/blog_49818dcb0102e1u9.html

值得一读的案头书

卢周来

(国防大学宣传部，北京 100091)

一、《大目标：我们与这个世界的政治协商》

该书由任冲昊等著，光明日报出版社 2012 年 7 月出版。

若干年前，我与军事专家宋晓军聊天说起思想界的争论，他非常不屑地对我说，“你们”思想界，整个话语体系都还停留在 1980 年代；但 1980 年代出生的年轻人在说什么想什么“你们”知道吗？“你们”的话太“宏大”，而 80 生人更愿意看“技术层面”；“你们”一谈发展就是这个“情怀”那个“情怀”，但年轻人看重的却是“工业技术进步”。他还说，世界是属于年轻人的，这就是他不与仍停留在 1980 年代思维的思想界“玩”、而愿意与生于 1980 年代的年轻人“玩”的原因。几年过去了。当由几位“一水儿 80 后”写出的《大目标》一书出版，我终于理解了什么叫做“新青年对老世界的一次历史清算”，什么叫做“新语体对旧格局的一种超越”，什么叫做“工业人对情怀人的一次战略喊话”。

我尤记得刚拿到这本书时，正在被一个记者纠缠。作为军事经济专家，我被要求就所谓“一个还有 1 亿多扶贫对象的国家，能否负担起航母的制造与运作成本”作解释。冷漠而客气地拒绝了对方后，心烦意乱翻开这本书。开篇正好讲的是作为中国海军第一艘训练航母“原舰”的“瓦良格号”的故事。当时的俄罗斯总理问船厂，“完成这艘只差 1/3 工程量的航母，工厂到底需要什么？”厂长马卡洛夫回答：“我需要苏联、党中央、国家计委、国防工业部，一个伟大的国家……只有一个伟大的国家才能建造和拥有它！”当五星红旗最终在“老瓦”的桅杆上飘扬时，这批“80 后”在书中说，“我们选择了一个伟大的国家！”读到这里，我的心完全沉静下来了。

有人也许误会，这又是一本煽动“民族主义情绪”的书。如果你这样说，正好是“用老眼光看待新世界”。因为这本书中的证据、数据、历史与理性，恰是好贴标签、好“宏大叙事”的老派“知识人”所不具备的。正如一位经历过“文革”和“启蒙”时代的长者读后这本书后所坦言：“看到可畏的后生们赶上来，滚滚若重型压路机，正要碾过自身，可以想见我辈的复杂感受。”

也因此，坦率地说，如果说这本书还有“败笔”，就是宋晓军那篇拿调捏调的所谓“代序”。所保留的“知识分子”腔调，表明他虽然想脚步跟上“80 后”，但脑袋却仍然未脱 1980 年代思想者的本色！

二、《富国为什么富，穷国为什么穷》

该书由埃里. S. 赖纳特(Erik S.Reineit)著，中国人民大学出版社 2010 年 12 月出版。

为什么世界上有的国家富有，有的国家贫困，这在经济学领域是一个很古老的问题。现代经济学鼻祖亚当·斯密《国民财富的性质和原因》，试图回答的就是这一问题，从此以后，围绕这一问题展开论述的著作可谓“汗牛充栋”。赖纳特作为晚近以来在学界影响日深的演化经济学代表性人物，以这本著作为我们提供了另外一个试图解决这一古老问题的新视角：产业经济学的视角。

在赖纳特看来，决定一个国家是走向富有还是陷入贫困的恶性循环，关键在于能否选择“正确的产业”。所谓“正确的产业”，就是能够产生技术外溢、带来“报酬递增”的产业。兹举书中一例：海地是世界上棒球生产最有效率的国家，但人均小时工资只有30美分；美国的新贝德福德是世界上高尔夫球生产最有效率的地区，人均小时工资却达到14美元。二者的区别在于：前者无需任何创新，只需手工缝制，无任何“技术溢出”，更带动不了其他任何产业；而后者却需要大量的材料工业和研发机构支持，有技术创新，且能围绕其形成一个产业链。这就是海地之所以穷而美国之所以富有的原因。

当然，赖纳特深刻地观察到，在全球分工体系中，发达国家凭籍其高端产业垄断，占据着“经济高地”；发达国家对发展中国家所需要的，就是无任何技术溢出和产业关联效应的纺织品、原材料生产、粗加工或产品包装等产业，把发展中国家限制在“低地经济”。这是全球化背景下南北差距越拉越大的根本原因。

但不是没有例外。在赖纳特笔下，日本、韩国等东亚国家，拒绝走“比较优势”道路，奉行“赶超战略”；中国利用全球化，渐进开放，走“产业精细化”路子，都不断带动产业升级，创造了“雁阵发展”模式。这值得发展中国家效仿。

我不隐瞒我对这本书中观点的偏爱，是因为它恰恰印证了我自己长期思考所得的观点，所以，读这本书常起会心。还有，这本书与《大目标：我们与这个世界的政治协商》可以结合着读。因为后者恰恰也主张产业强国。

三、《再向总理说实话》

该书由李昌平著，中国财富出版社2012年8月出版。

十年前，李昌平先生以一部《我向总理说实话》风靡全中国。那本书以一个乡党委书记的视角，把“农民真苦、农村真穷、农业真危险”表达得十分感性。十年后，这本以一个观察与思考者的理性视角写就的《再向总理说实话》出版后，却波澜不惊。这不由得我很是感慨：难道真如熊彼特所说：在经济学界，智慧有时并不讨巧？

对中国“三农”问题的判断，我与李昌平先生持有同样的观点，改革开放以来，中国“三农”问题的解决经历了两次大的动作：一次是土地承包，一次是取消农业税。然而，这两次大动作之后，仍然没有从根本上改变“三农”问题。农民的确收入高了，但靠的是外出务工，且长年过着背井离乡的“妻离子散”生活；尽管中央强调新农村建设，仍然无改乡村逐渐凋败的事实；农业在连续丰收，农业的根基却在日被侵蚀。所以，未来中国“三农”问题如何解决，的确需要有大智慧。

李昌平在书中系统梳理了过去三十年“三农”政策得失，对未来“三农”政策走向提出了自己的看法。这些看法涉及农业的基本经营制度、农民的基本组织结构以及农村的基本治理等方方面面。但总体上，他在书中所强调的核心思想“重建村社共同体”，其实就是邓小平晚年提出过实现农业“第二次飞跃”的设想。邓小平认为，中国农业的改革发展，“从长远看需要有两个飞跃”。第一个飞跃是“实现家庭联产承包为主的责任制”；第二个飞跃是“适应科学种田和生产社会化的需要，发展适度规模经营，发展集体经济。”李昌平说，如若不走这条路，而是任由市场思路推着“三农”问题走，农民将有可能沦为“政治贫民、社会流民和市场贱民”。

也是用这种理念为大框架，李昌平在书中提出的许多观点，与我们很多“主流”经济学家相左。比如，主流经济学家中不少人主张土地私有化，而李昌平最反感这一主张。也是在这一大框架下，书中一些观点还可能与决策者现有的解决“三农”问题思路不符。比如，对于“公司＋农户”，书中就担心会由此引发“南亚病”。因为在南亚贫困国家，这种思路最后导致了资本对农民残酷的剥夺。这大概是这本书某种程度上“不被待见”的原因？

即使如此，我还是非常看重这本书。不仅仅因为这些看似不合流甚至有些“异端”的观点至少都有案例支撑，都经过了逻辑缜密的思考，还因为在历经了十几年“北漂”生活后，我所熟悉的李昌平为人为学始终如当年那样实诚。

四、《大西洋的跨越——进步时代的社会政治》

该书由丹尼尔. T. 罗杰斯（Daniel T. Rodgers）著，译林出版社2011年9月出版。

“在一个小食品加工厂。一支大老鼠吱吱爬过散发着恶臭的暗红色肉堆，大胡子工人‘咦’地叫了一声，嘴角的劣质香烟掉进了肉堆里。但他根本顾不上了。他举起铲肉用的铁锹，照着大老鼠就是一下，接着很麻利地把还在抽搐的老鼠和着肉及烟头一起铲起来扔进肉馅机里……”

——这不是在中国，这是在“进步时代”被美国媒体揭露出来的食品安全问题。据说罗斯福总统看了这则报道后变成了“素食主义者”。大量的食品安全问题被揭露，直接导致了美国政府食品检疫和管理制度的诞生。

但旨在解决由爆炸性经济增长引发的各种社会问题的“进步运动”是如何起源和发展的？知识分子、经济学家和媒体在其中到底担负了何种角色？罗杰斯这本书给出了一个较为系统回答。在罗杰斯笔下，首先是一些接受了英国费边社传统和德国社会民主传统的海外经济学人，在社会达尔文主义盛行的美国，艰难地引进并传播了社会改革的思想。这些知识分子担心，在几乎没有任何约束的工业资本主义压力下，社会纽带将分崩离析。为此，他们呼吁政府要承担起新的责任，来消解工业化对劳动、对社会和人的压力，来平衡社会与市场之间的失衡。当然，在这一过程中，“进步人士”付出了代价。在与传统保守的“市场万能”思想斗争中，一些人甚至因为意识形态的偏见，被资本掌控的媒体和高校剥夺了记者或教职岗位。但也是因为他们的努力，创造了世界史上的“美国世纪”。

罗杰斯这本书还告诉我们，美国的案例不仅不特殊，反而是“经受同样的社会和经济危机磨难的最大国家群体的一部分”。就中国而言，我们常说改革开放三十多年走过了西方三百多年的历程。一些西方世界渐次出现的问题在我们国家共时出现，这是难免的事。树立这种观念当然有助于我们看待现实，树立自信。但我们更要清楚，要解决困绕工业化国家的转型社会问题，是需要我们共同努力，是需要有公信力和执行力的政府作后盾。从这个意义上看，这本书所讲述的美国有识之士“在全球工业资本主义第一个伟大时代中范围广泛的、常常让人沮丧的努力和满世界寻找社会改革措施的故事”，正好可以为我们提供些许经验和教训。

封面设计：边 琨

经销单位：各地新华书店、建筑书店
网络销售：本社网址 http://www.cabp.com.cn
网上书店 http://www.china-building.com.cn
本社淘宝店 http://zgjzgycbs.tmall.com
博库书城 http://www.bookuu.com
图书销售分类：建筑工程经济与管理（M20）

ISBN 978-7-112-15092-2

（23281）定价：**18.00** 元